新知文库

XINZHI

Märchen als Therapie

Märchen als Therapie

Verena Kast

©1986, Walter Verlag

©1992, Patmos Verlag GmbH & Co. KG. Dusseldorf

First published in 1986 by Walter Verlag and 1992 by Patmos Verlag GmbH & Co.KG, Dusseldorf © 2019 Patmos Verlag der Schwabenverlag AG, Ostfildern

童话的
心理分析

[瑞士] 维蕾娜·卡斯特 著

林敏雅 译 陈瑛 修订

生活·讀書·新知 三联书店

Simplified Chinese Copyright © 2021 by SDX Joint Publishing Company.
All Rights Reserved.
本作品简体中文版权由生活·读书·新知三联书店所有。
未经许可,不得翻印。

图书在版编目(CIP)数据

童话的心理分析/(瑞士)维蕾娜·卡斯特著;林敏雅译;陈瑛修订.—北京:生活·读书·新知三联书店,2021.5
(新知文库)
ISBN 978-7-108-07077-7

Ⅰ.①童… Ⅱ.①维…②林…③陈… Ⅲ.①童话-分析心理学 Ⅳ.① B84-069

中国版本图书馆 CIP 数据核字 (2021) 第 025709 号

特邀编辑	张艳华	
责任编辑	徐国强	
装帧设计	陆智昌 刘 洋	
责任校对	龚黔兰	
责任印制	徐 方	
出版发行	生活・讀書・新知 三联书店	
	(北京市东城区美术馆东街 22 号 100010)	
网 址	www.sdxjpc.com	
图 字	01-2019-5700	
经 销	新华书店	
印 刷	北京隆昌伟业印刷有限公司	
版 次	2021 年 5 月北京第 1 版	
	2021 年 5 月北京第 1 次印刷	
开 本	635 毫米 × 965 毫米 1/16 印张 12.5	
字 数	149 千字	
印 数	0,001-6,000 册	
定 价	39.00 元	

(印装查询:01064002715;邮购查询:01084010542)

新知文库

出版说明

在今天三联书店的前身——生活书店、读书出版社和新知书店的出版史上，介绍新知识和新观念的图书曾占有很大比重。熟悉三联的读者也都会记得，20世纪80年代后期，我们曾以"新知文库"的名义，出版过一批译介西方现代人文社会科学知识的图书。今年是生活·读书·新知三联书店恢复独立建制20周年，我们再次推出"新知文库"，正是为了接续这一传统。

近半个世纪以来，无论在自然科学方面，还是在人文社会科学方面，知识都在以前所未有的速度更新。涉及自然环境、社会文化等领域的新发现、新探索和新成果层出不穷，并以同样前所未有的深度和广度影响人类的社会和生活。了解这种知识成果的内容，思考其与我们生活的关系，固然是明了社会变迁趋势的必需，但更为重要的，乃是通过知识演进的背景和过程，领悟和体会隐藏其中的理性精神和科学规律。

"新知文库"拟选编一些介绍人文社会科学和自然科学新知识及其如何被发现和传播的图书，陆续出版。希望读者能在愉悦的阅读中获取新知，开阔视野，启迪思维，激发好奇心和想象力。

生活·讀書·新知三联书店
2006年3月

目 录

导读　女性的分析之道　　　　　　　　　　　　　　1

前言　　　　　　　　　　　　　　　　　　　　　　1
引言　　　　　　　　　　　　　　　　　　　　　　3
小红帽——童年最喜欢或是最害怕的童话　　　　　9
勇敢的小裁缝——与童话主人翁的认同　　　　　　37
冰雪女王——童年里最喜欢和最害怕的童话情节　　61
爱人罗兰德——童话在团体中的应用　　　　　　　89
白衬衣、沉重的剑以及金戒指——童话将梦带入一个历程中　　111
不幸的公主——改变命运的可能性　　　　　　　　155

后记　　　　　　　　　　　　　　　　　　　　　　177
参考文献　　　　　　　　　　　　　　　　　　　　180

导读
女性的分析之道

耿一伟

当瑞士心理分析大师荣格（Carl G.Jung，1875—1961）于1948年在苏黎世的库斯纳赫特（Kusnacht）成立荣格学院（C.G.Jung Institute）之后，荣格学院便成为培育荣格派分析心理学家的大本营。而玛莉-刘易斯·冯·弗兰兹（Marie-Louise von Franz）所开设的童话心理分析课程，在当年则吸引了学院里绝大部分的听众。这些讲座的内容有许多在后来都被编辑成书，包括奠定童话心理分析学基础的《永远的少年》(*Puer Aeternus*，1970）。这本书以圣埃克苏佩里的《小王子》作为分析的出发点，让心理学家与读者们见识到童话心理分析的威力。《童话的心理分析》作者维雷娜·卡斯特于60年代也一样参与过玛莉-刘易斯关于童话心理分析的讲座。而她后来也像玛莉-刘易斯一样，不但在荣格学院任教，也持续推动童话心理分析的普及化工作。

玛莉-刘易斯·冯·弗兰兹18岁（1933）时即认识荣格，当年她还在苏黎世大学预科班就读。她有一位同学的阿姨恰好是托尼·沃尔夫（Toni Wolff，1888—1953）。托尼是荣格最得力的助手，也是他的情人。托尼邀请她侄子带他同学到荣格家吃饭，当时荣格已经是瑞士的名人，玛莉－刘易斯觉得机会难得，便也一道跟了去。荣格对大学生讲了一些心理学上的趣事，没想到玛莉－刘易斯便一头栽入心理分析的领域，自此成为荣格的忠实信徒。后来她在许多方面都给予荣格非常大的帮助，尤其是她在拉丁文方面的造诣，更让荣格可以接近炼金术方面的材料。玛莉－刘易斯不但参与了荣格学院的设立，更积极地投入校务的工作。后来她甚至搬到荣格家附近居住，直到荣格去世之前，她一直都是荣格学术上最得力的助手。而在她于1998年过世之前，玛莉－刘易斯也一直都是荣格心理分析学派最主要的推手。

以她长期跟随在荣格身边的经验，我们可以相信，玛莉－刘易斯深得分析心理学的个中三昧。而她在《童话心理学导论》（*Introduction to the Psychology of Fairy Tales*，1970）一书中便认为："童话不但是原型最简单也是最赤裸、最简洁的表达形式……童话对集体与无意识心理过程来说，是属于最纯粹与最简单的表现，因此它们的价值对于无意识的科学探究来说，就超越其他所有的素材。"（p.1）也就是说，如果梦、神话、传说、象征等都可以成为分析心理学的对象，那么童话比起这些对象还要有着优越的地位。

当然，在荣格的学说里，童话是有一定位置的，他在《心理类型》（*Psychological Types*）一书里便认可童话的价值，他如此写道："就经验来说，自身（self）是以理想人格的形象呈现在梦境、神话与童话当中的。"（p.460）所以荣格是首肯童话的地位。而他有时也会在课堂上以童话作为分析的例子。例如在1928年关于梦的系列研讨会当中，他便认为，如果想了解原型是如何运作的，《灰姑娘》便是非常有价值的一个故事（1930.3.23）。甚至在他后来关于尼采《查拉图斯特拉如是说》的系列研讨会里，他也引用格林童话的故事来对听众说明命名对无意识所产生的作用（1935.3.6）。

但相对于荣格对炼金术、易经、佛教、老子的兴趣，童话在他整个生涯里占据的部分是非常小的。或许正是因为童话太过简单、太过明了，它反而引不起荣格的兴趣，因为解读童话似乎缺乏知性上的挑战诱惑。童话太过女性，太温柔。别说荣格，即使一般男性也都视童话为幼稚的代名词。

这或许是一项巧合，但绝对有分析心理学上的意义，那就是推广童话心理分析的两大支柱——玛莉-刘易斯与维雷娜·卡斯特——都是女性，而她们的讲座又吸引更多的女性来投入童话心理分析的行列。甚至连当前童话心理学主要著作的作者也多以女性为主，她们包括了 Gita Dorothy Morena, Erica Helm Meade, Sibylle Birkhauser-Oeri 等人。或许对女人来说，童话比神话更有吸引力，而且是她们真正熟悉的素材。女人对儿童讲述童话，她们喜欢童话，甚至在她们的语言中也暗藏着童话。女人说，我要寻找我心目中的白马王子，这是来自童话。

神话里充满着英雄冒险的史诗故事，神话不仅吸引荣格，也包括他的男信徒，例如神话学大师坎伯尔（Joseph Campbell）即是一例；而荣格的老师弗洛伊德也一样对神话兴致勃勃，毕竟俄狄浦斯情结也是取材自希腊神话。但是人们常常忽略一点，神话往往太过成人，有许多情节都是儿童不宜，甚至有不少人都是到长大才有机会去了解这些神话的。但童话就不一样，它是许多父母与孩子每晚睡前的固定仪式，搭配着讲故事的轻声细语，童话潜伏在梦的门口，等待着进入儿童无意识的机会，然后伴随他直到成年。

其实童话不仅对女性有意义，对男性也一样意义深刻，因为在童话中经常以动物为主角，而许多动物都是男性生命力的具体象征。尼采的《查拉图斯特拉如是说》即充满了许多动物，如蛇、狮子、老鹰、骆驼等都是书中的角色。对于尼采这样一位主张强力意志、强调贵族精神、充满男性阿尼姆斯（animus）色彩的哲学家来说，动物是他最后的归宿。在他发疯之前，尼采不就抱着一匹马痛哭吗？动物是联结童话与男性的关键，对心理分析学家来说，以动物来作为自我象征，比起以神话人物的情形，就显得更加清晰。神话故事的背景总是充斥着太多文化、宗教、社会的讯息，分析起来往往困难重重。

玛莉－刘易斯认为，与神话处理集体无意识的特色相反，童话往往牵涉到自性化（individuation）的过程。因此童话对于个人治疗来说，具有无比的优势。玛莉－刘易斯的成名作《永远的少年》便处理了男性的问题。她发现有许多男性内心都有孩子气的倾向，他们宁愿将自己视为大男孩（这不免让我想起陈升的《关于男人》，歌词写道："你知道男人是大一点的孩子，永远都管不了自己。"）。根据玛莉－刘易斯的分析，其实《小王子》这本著作正是圣埃克苏佩里将自身阴影（shadow）个人化的历程。而我们不得不承认，《小王子》已经是我们这个时代最伟大的童话，而它继续影响着下一代人的无意识。

如果说玛莉－刘易斯的著作是替童话的心理分析奠下基业，那么维雷娜·卡斯特的《童话的心理分析》便是带领我们进入童话心理分析的实践过程。她在本书里引用马克思主义学者布洛赫（Ernst Bloch, 1885—1977）的看法，认为寻找能够触动我们内心的象征是童话治疗的关键，因为这些象征即是"封装在原型中的希望"（archetytisch eingekapselte Hoffnung），它们能引起被治疗者看见意象。而这些意象正是荣格派心理分析学可以大力彰显的地方。

比起弗洛伊德对语言自由联想的运用，荣格派的心理分析学更强调视觉方面的特殊性，而这也提供了艺术治疗的可能性。童话治疗作为一种心理治疗方法，似乎有着更大的包容性，也扩大了我们对心理分析的视野。

（本文作者为台北艺术大学戏剧系兼任讲师）

前　言

这一部童话解析原是1985年本人在德国林道（Lindau）心理治疗周的演讲稿，这一系列演讲的主题是：童话在治疗历程中的意义。

1985年夏季学期，我在苏黎世大学开课讲授的也是同样的主题，只是规模有所扩展，形式更为丰富，本书也正是采用了这个形式。

其间，很多人表现出极大的热情和兴趣，我首先要对他们表示感谢，同时也感谢很多人提供的意见，虽然在本书中我无法全部收录他们的名字。

我尤其要衷心感激所有为本书提供个案的人，他们允许我公开他们在童话治疗中富有创意的宝贵经验，并且在必要的情况下讲述他们的生活经历，我深深地感受到他们馈赠良多。

维雷娜·卡斯特

引　言

在我们一生的成长过程中，对我们产生影响的除了父母、兄弟姊妹、朋友、伴侣、子女之外，还有故事。我们大都听过或读过自己特别喜欢的故事，而且总会一而再地被某个故事感动。

那些曾经感动或者现在仍感动我们的故事，诉说的正是我们心底的欲望、梦想、我们认同的人类行为，以及我们所想要成为的人。细看这些故事，不难发现其中也隐藏着我们面临的一些难题，故事里的人物突显了问题，而且往往也能解决问题。

故事伴随我们一生。有时我们甚至会觉得某些人的故事比所谓的真实人生更加真实。童话也是故事，我们大都自幼耳熟能详，但童话是很特别的一类故事，里面多的是神奇美妙的情节，可能出现在我们看来其实根本不可能出现的转折，这也是为什么我们会形容某些事物有"如童话般"，这形容甚至有些贬义，但暗地里我们却仍然会陶醉在童话中，借此我们可以暂时避开真实生活的压力，而且分享童话的信念：难题总会获得出乎意料的神奇的解决，而且解决的办法都很有创造性。由于我们对童话主角的认同，主角的信念也会感染我们：车到山前必有路，局面总会出现创造性的扭转。

童话赋予我们面对未来的勇气，使我们不至于固执着过去。

童话的特殊性也在于它源远流长的口述传统，属于各个口述者个人的东西在转述时被人略去，最后只剩下非常简洁的故事，涉及的显然是大多数人共同关心的议题，但是后来印行童话的人，譬如格林兄弟，他们又把他们的世界观融入了故事。[1]

观其结构[2]，童话通常是从一个困难的情境开始，然后展示人物如何与困境周旋，描述克服问题所必要的过程。童话主人翁是个象征，他或她代表的是一个人在这种困难情况下适当的态度或立场，如果童话中说到人类的普遍问题也正是我们自己的问题，那么童话人物面临并且解决了的困难也正是我们自己有待解决的困难。

童话的叙述语言是象征和意象，它们融为一个有机的整体。从这个角度来看，童话的性质接近梦，接近一般潜意识的过程，同时也接近神话。[3]神话以象征语言表现人类的存在问题，然而也包含人类对整个宇宙关联的理解。所有的神话故事都隐藏着一些难以名状的东西，而且表达了某一类人的自我理解。所以神话可以说是经验与超验之间的一个联结，也是将个体与较大范围的整体联系起来的环节，而这个整体也只能在神话和象征中表现出来，这些象征有其意义，让人想起某些东西，但它们的预示也经常超越了现实状况。

与神话相比，童话中的发展历程与人更接近，其中的象征也处于这样的中间地带，换句话说，这些象征说中了我们个人的存在问题，同时指出这也是集体中普遍的存在问题，不仅如此，它们还昭示了人所不知的背景和基本根源。这个中间地带正是幻想、创作、艺术、象征生活的空间，因此也是童话的空间。

生活经验和心理活动，尤其是无法用别的方式表达的情感，常常会被浓缩在象征中。布洛赫（Bloch）就称象征为"浓缩类目"

（Verdichtungskategorie），尽管我们不断地尝试解读象征，我们的阐释终究也只能发掘象征的部分层面。象征的含义极为丰富，它揭示了某些东西，同时也启示了某些观点，这些观点我们久后才会慢慢理解。哪怕我们不停地解读象征，解读童话，但它仍可能存在别的不同的阐释。[4]

按照深层心理学的观点，我们把童话历程与典型的人类发展历程联系起来，用梦的解析技术来分析童话：这在主观意识层次被证明是非常有效的。这种解析方式将配角视为主角的人格特征，也就是说，如果一个人在故事中遇到巫婆，那他就是遇到了他自己人格中的一个邪恶部分。把不同的人物定义为主角，就会衍生出各种不同的解释可能性。

象征是意义不明确的——童话也是意义不明确的——正因为这样才令人好奇。一个解释是否正确，取决于它是否能在经验中得到证实，解释不要求非得是唯一的真理，只要能够自圆其说，而且能把童话中的重要主题都考虑在内，解释就是有效的。用这样的方式解释童话，等于就是轻松地思考人生、思考存在的问题、思考心理历程。

为了在治疗过程中能够应用童话，了解每个童话的内容，对各种可能的治疗方法来说是相当重要的。因此，我们也将在本书中简短地解释相关童话。

把童话用于心理治疗时，最重要的是：那些童话必须能在想象的层次引起我们的注意，能触动我们自己心中的意象（Bild），并使这些固着的意象——它们来自根深蒂固的观念与偏见——开始变化，从而全面影响我们的幻想以及情绪历程。光是听人讲童话故事，听凭童话意象对我们产生潜移默化的作用，就会产生一般的治疗效果。其中有些主题与我们较为相关，因此我们就比较感兴趣，而另外有些主题我们则不太关心。那些能触动我们的童话主题就是我们自己无法名状的某种心理状态的象征。有些冲突我们无法用言语表达，往往只是心里感到不快，但在童话象征中我们可以找到其意象。

有一位女士试着描述她的心理状态，突然她说："我觉得自己像荆棘丛后的公主：很困，而且满身是刺，向外扎去。"

通过这个童话意象，她越来越清楚地意识到自己瘫软的感觉，这种瘫软的感觉与巨大的破坏性结合在一起，而且她也能理解她的心理状态对周遭环境的影响。

我们可以仔细观察这个童话意象，它既是我们的意象，同时又不是我们的意象，这使我们处理显现在该意象中的我们自己的问题时能保持必要的距离。这些意象处在一个过程中，按照神奇童话的结构，这个过程的结果可能是富有创造性的。所以说如果用童话意象来做治疗，那就是把我们自己的意象置入一个发展过程中，这过程本身充满了希望，其最终目标是解决难题。布洛赫说过，每个有生命的象征——所谓有生命的象征就是那些能触动我们内心的象征——都含有"封装在原型中的希望"（archetypisch eingekapselte Hoffnung）[5]，体会以及释放这种希望无疑是治疗的关键所在。

童话治疗有不同的层次。我们可以应用一直伴随我们而且与我们的童年和生活经历息息相关的童话故事。我们可以想办法找出它们和哪些问题相关、它们提供了什么样的解决办法，同时我们还可以回忆一下童年情境。我们可以以童话为镜子，从中照见我们自己的生活经历以及目前的状况。除此之外，我们尤其可以发挥我们的象征化表现能力，让象征对我们发生作用，让我们的意象以不同的方式随童话的意象发展。有时候那些陷入僵局的历程会因为童话意象的影响而重新启动，换句话说，我们再度燃起了希望。另外，通过运用象征进行治疗，我们还可以体会到，我们的问题其实也是人类生存共通的问题，而这些问题都能解决。

这里所提到的用童话进行治疗的种种方式，我都将在本书中详述。

小红帽

——童年最喜欢或是最害怕的童话

对童年时最喜欢的童话有深入研究的汉斯·迪克曼（Hans Dieckmann），他持有这样一个观点：这些童话描述了当事人最主要的情结以及相关的行为模式。对汉斯·迪克曼而言，那些有神经机能症的人是没有完成童话主角任务的人，也就是说，他们是他们各自的童话中失败的主角，或者说，他们下意识地过着童话主角的生活，而且常常出于误解将其落到实处。[6]

如果汉斯·迪克曼的这个命题是正确的，那就是说，我们最喜欢和最害怕的童话泄露了我们的主要情结，这些情结或多或少掌控了我们的生活。还有一点我们必须明白，有些人只有一个最喜欢的童话，而有些人可能说出好几个，他们在不同的生命阶段钟爱不同的童话，这时需要核实的是，这些童话说的是不是同一个主题。当然，在这种情况下，一个人不再固着于其情结中的某一种行为，他可能有一些不同的行为模式——在情结通常所形成的制约范围内，他行为的自由度较大。[7]

如果我们想把最喜欢的童话应用在治疗上，根据迪克曼的命题，分析对象应该先被带到完成了使命的童话主角的立场，然后还要能够脱离对童话主角的认同。如果童话主角注定要失败，那么分析对象应该在这个角色中自我发展，以逃脱童话所预示的步步进逼的败局。

我们可以应用最喜欢的童话，找出造成主要问题的情结结构。我想根据我个人的经验对迪克曼的命题做一些修正：我很少遇到这样的人，他单凭一个记忆中的童话就能表现自己的整个情结结构（Komplexstruktur），相反地，我认为这些记忆中的童话呈现的只是整个的基本问题。在实际的治疗经验中，常常也是根据已知的情结结构，才想起对于受分析者可能比较合适的童话，而不是反过来。如果对情结结构还不是很清楚，那么运用童话治疗就为时过早。

用童年时最喜欢的童话作为治疗手段还有一个困难：人的记忆力往往不是那么好，记得不是很清楚。这时候我们可以自问，我们是否真能想起童年时最喜欢的一个童话？有时候，可以从一些小地方找到线索，譬如说，小时候爱装扮的人物，或是一再重复的画画题材，或是旧童话书中被翻得特别破损的书页，等等。在治疗的过程中，经常也会通过想起某个梦而回忆起相关的童话。这当然也和分析师的反应有关：他是否看过其中的童话题材，他是否喜欢应用童话进行治疗？

个案

一位38岁的女士，她已经接受了150个小时的分析，这是她培训课程的一部分，对童话的探讨起因于一个简短的梦：

"我梦见狼，一定得喂食的狼。我醒过来。心想（或许还在梦里）：我自己孤单单一个人在路上。"

听完她的梦，我没有先搜集联想，而是本能地对她说："你要不要读一读《小红帽》！"她很惊讶地看着我，然后对我说，《小红帽》是她小时候很重要的一个童话，她对"离开道路"（vom Weg Abgehen）这个意象一直很着迷。说这话时她脸上还洋溢着光彩，而且肯定地说，直到今天，她还很喜欢这个童话。她还说她常常在狂欢节时把自己装扮成小红帽，小时候，只要看见她母亲睡着后张着嘴打呼噜，她就会把她想象成大野狼。

我的介入使得一个最受喜爱的童话得以重见天日，我给分析对象布置的任务是："玩赏"一下这则童话。话说回来，梦见狼也未必就和《小红帽》相关，其他童话里有时也会出现狼，为什么我偏偏想到《小红帽》？这与我的谐调反移情（syntone Gegenübertragung）

有关，其表现是：我直觉地把象征材料带进了治疗过程，它很可能就是受分析者没有意识到的情景的写照。所谓谐调反移情反应，我指的是分析者对自己的某种情感的知觉和表达，这种情感与受分析者的情感或潜意识状况是谐调的，通过这个作用，先前没有被意识到的情感可以得到体验、处理和讨论。出现这样的反移情（Gegenübertragungsreaktiom），一方面是因为我了解受分析者的基本情结状况，另一方面也和有待解决的现实问题相关。在梦中她孤身一人遭遇饿狼，这也是《小红帽》中重现的问题；除此之外，在介入的过程中总会有无法解释的要素。

接受分析的女士来自一个多代同堂的家庭，她是父亲第二次婚姻所生的孩子，她哥哥的年纪已经可以当她的父亲了。父亲在她四岁时去世。最重要与最可靠的亲近者则是她的母亲，她们母女关系一直很好，这对她很重要。她的母亲非常有耐心，任劳任怨，一直是家庭风暴中的重要砥柱。

我暂且称接受我分析的当事人为安吉拉，安吉拉一直有严重的焦虑和攻击的问题，目前尤其明显，因为她开始了新的工作。安吉拉原先做的是助理工作，后来又进修上了大学，现在大学毕业后找到了新的工作，虽然她一直是个好学生，但在需要显露自己的时候她常常很焦虑，尤其是在团体中。她会感觉自己全身发抖，特别是脖颈的后部。

她的焦虑可以得到很好的处理，但是因为受分析者在很多情况下无法表现攻击性，在我看来，《小红帽》中的大野狼一定使她的焦虑变本加厉，这是因为她对它的恐惧，在这儿她把与恐惧结合在一起的攻击性赋予了大野狼。

要在反移情反应中将童话形式的象征材料带进治疗过程，只有在分析师熟悉童话，并知道其意义范围及其涉及的基本问题时才有可能。

童话的诠释分析因此对分析者很重要，但在治疗过程中，即便个别题材与受分析者的生活体验产生了很深的关联，我们也很少全面连贯地阐释整个童话。但是，一旦童话被带进治疗情境，往往会有特别的意义：对分析者与受分析者关系的注意力会有所转移，两者都会注意童话以及童话与受分析者生活的关系。受分析者首先会期待从童话中获得处理问题的勇气、策略和方法，其次才是从分析者那里获得帮助。这是分析者被替换的一个步骤。如果治疗中引入童话的时机不当，受分析者对此往往不会重视，甚至完全忽视。

童话概述[8]

从前有一个可爱的小女孩，人见人爱，但最疼爱她的要算她的奶奶，她都不知道该送小女孩什么才好了。有一天她送给小女孩一顶红色的绒帽，红帽戴在小女孩头上真是好看，她再也不肯戴别的帽子了，于是大家就叫她小红帽。有一天妈妈对小红帽说："来，小红帽，这里有一块蛋糕和一瓶葡萄酒，你把东西带去给奶奶，她生病了，身体很虚弱，吃了这些东西会让她好些。还有，记得要乖、要有礼貌，见了她替我问好。走路的时候要小心，不要离开道路，否则不小心跌倒打破瓶子，生病的奶奶就没药喝了。"

小红帽回答："我会做好的。"然后她和妈妈勾勾手做保证。小红帽的奶奶住在很远的森林里，离村子大约要走半个钟头。小红帽刚走进森林就遇见大野狼，但是小红帽不知道大野狼的凶恶，所以一点也不感到害怕。

"你好啊！小红帽。"大野狼说。

"你好，大野狼。"

"这么早你要到哪里去呀？"

"去奶奶家。"

"在你围裙下提的是什么东西呀？"

"蛋糕和葡萄酒，是给因生病而身体虚弱的奶奶的，我们昨天才烤的蛋糕，奶奶吃了就会好些了。"

"小红帽，你的奶奶住在哪里呢？"

"大概再走15分钟就到了，她住在森林里，三棵大橡树的下面，她的房子就在那里，旁边还围着榛树林，你一定知道的。"小红帽回答。

大野狼心里想：这小家伙看来肥美鲜嫩，味道一定不错，要怎样才能将她弄到手呢？它陪小红帽走了一小段路，然后对她说："小红帽，你看森林里的花有多美啊！看看你的四周，我想你一定没有听到小鸟美妙的歌声吧！你走路的样子就像要去上学一样，森林里有趣多了。"

小红帽抬起头，她看见阳光在林间来回闪耀，到处开满美丽的花朵。小红帽心里想："哎，要是我能带一束花去给奶奶，她一定会很高兴。现在时间还早，我一定能准时到她那里。"于是她蹦蹦跳跳跑进森林寻找美丽的花朵。每当她采下一朵，就会觉得下一朵一定更美丽，于是她又向前走去，在林子里越走越远。但是大野狼直接走到了奶奶家敲门。

"谁啊？"

"是我，小红帽，我带蛋糕和葡萄酒来看你了，开开门呀！"

"你按一下门把手就行了，"奶奶大声说，"我没有力气，起不来。"

于是大野狼按了门把手，开门进屋走到床边，二话没说就把奶奶吞下了肚子。然后它穿上奶奶的衣服，戴上奶奶的帽子，躺到床上，拉上了帘子。

小红帽东跑西跳到处采花，一直到花儿多得拿不住了才又想到奶奶，于是上路去奶奶家。到了奶奶家她发现门没有关，觉得有些奇怪，走进房间总觉得哪里有些不对劲儿，她想道："天啊，你今天怎么这么胆小，平常你很喜欢来奶奶这里的呀！"接着她走到床前拉开帘子，奶奶躺在床上，帽子拉得很低遮住了脸。奶奶今天的样子好奇怪啊！

"奶奶你的耳朵怎么这么大！"

"这样我才能把你说的话听得更清楚呀。"

"啊，奶奶你的眼睛怎么这么大！"

"这样我才能看你看得更清楚呀。"

"啊，奶奶你的手好大！"

"这样我才能好好地抱你呀。"

"但是奶奶你怎么会有一个这么可怕的大嘴巴！"

"这样我才能一口把你吃掉呀。"

话一说完，大野狼就从床上跳起来，把可怜的小红帽一口吃掉了。

填饱了肚子之后，大野狼躺回床上不久就睡着了，而且开始大声打呼。这时猎人刚好经过，心里想：老太太打呼怎么如此大声，我一定要去看一下她是不是生病了。于是他走进屋子，到了床边，发现床上竟然躺着他已经找了很久的大野狼，他正要开枪，突然想到也许奶奶被大野狼吃掉了，他必须把她救出来，于是他没开枪，而是找来一把剪刀，剪开了熟睡中的大野狼的肚子。他才剪了几刀，就看见那顶鲜红的绒帽，又剪了几刀，小女孩便跳了出来，大声喊道："吓死我了！大野狼的肚子里黑漆漆的好可怕呦！"接着奶奶也毫发无伤跟着出来了，小红帽赶紧搬来几块大石头塞到大野狼的肚子里，大野狼醒来之后准备要逃走，但是大石头太沉重，它跌了一跤，就这样摔死了。

三个人高兴极了，猎人剥下大野狼身上的皮，奶奶吃了小红帽带来的蛋糕，也喝了葡萄酒，而小红帽心里想：这辈子我再也不会不听妈妈的话，离开道路自己一个人跑到森林里去了。

故事还有另一个说法：

有一天，小红帽又带着蛋糕要去看奶奶，又有一匹狼来搭讪，想引诱小红帽离开道路，但这次小红帽不理它，继续往前走到奶奶家。她告诉奶奶，她在路上遇到大野狼，它还跟她打招呼，但是眼光看起来好邪恶，要不是在大路上，它准把她吃了。奶奶赶紧说："来，我们把门锁上，千万不能让它进来。"不久大野狼就来敲门了，它大喊："开门呀！奶奶，我是小红帽，我带蛋糕来看你了。"她们既不回答也不开门，于是大野狼便绕着房子走了几圈，最后跳上屋顶，准备等小红帽傍晚回家的时候偷偷跟着她，趁天黑把她吃掉。但是奶奶知道大野狼在打什么主意，她想起房子前面正好有一个大石槽，便对小红帽说："去把水桶拿来，小红帽，我昨天煮了一些香肠，提些煮过香肠的水倒到石槽里！"于是小红帽提了很多很多水倒进石槽，一直到把那个大石槽装得满满的。香肠的气味飘进了大野狼的鼻子，它忍不住使劲儿地伸长脖子闻呀闻，并且朝下张望，最后脖子伸得太长，再也站不住，身子开始往下滑，就这样，它从屋顶滑下来，正好落到大石槽中，淹死了。小红帽最后高高兴兴地回到家，从此再也没有人来打她的主意了。

对那些在我们的童年时代较为重要的童话，将我们还记得的内容与书上写的内容做个比较，是一件相当有趣的事。（虽然童话也有不同的版本。）我们经常会把童话稍加改编，于是我们自己的童话版本也对我们的童年做了一些说明。读这些童话的时候，我们最好能够尽量加以生动形象的想象，尤其要在和我们切身相关的意象中稍做停留，这样我们才更能体会这童话对我们个人的特殊意义，亦即意象层面和情感层面的共鸣。[9]

解释分析的可能性与层次

《小红帽》是非常有名的童话故事，由此改编的闹剧、讽刺剧、电影等，至今依然层出不穷。小红帽也越来越老到，不再轻易被吞吃。有些书更是专门讨论小红帽，做出各种不同的诠释。[10] 提到童话故事，显然不能不提到《小红帽》，绝大部分孩子说不定在什么时候就会注意到它，而且成年后还会继续对它加以关注。

说到童年时最喜欢或最害怕的童话，很多人会提起《小红帽》；[11] 如果对童话内容的记忆是停留在森林里，而且与离开道路到森林里摘花的小红帽认同，那这则童话就会被视为最喜欢的童话，譬如像安吉拉的情形；如果记忆中占支配地位的是被大野狼吃掉的情节以及大野狼肚子里的黑暗和狭窄，那这则童话就往往会被视为最害怕的童话。

为什么有这么多关于《小红帽》的解释分析？可能是因为很多人都接触过这个童话，也可能是因为其中有很多地方说得云山雾罩，让人无法做出简单明了的解释。我同样也无法提供一个高明的诠释。研究童话的学者薛尔福（Scherf）[12]毫不迟疑地认定《小红帽》不是魔幻童话，因为故事中没有变身，而变身是魔幻童话的特点。《小红帽》也许真是由一则发展不全的童话拼凑而成，不能尽如人意，然而它却有超乎寻常的影响力，因此也刺激人们去研究、探讨它。

在尝试解释分析这则童话时会发现，与其他童话相比，它有更多不同的解释分析层面，而且层层相叠。

道德说教的上层结构

第一眼我们可以看到道德说教的上层结构，这是女孩子在社会化过程中一定会学到的："要乖、要听话，别偏离了正道，千万要谨慎小心。"而小红帽要提防的是大野狼，它代表的不外是男人及其性欲。这在贝劳尔特（Perrault）的版本中特别明显，[13]他在后记中对这个故事的寓意做了总结：小女孩必须特别小心提防那些温柔的大野狼，因为它们是最可怕的，它们会温柔地跟进小女孩的房间……贝劳尔特的版本——它通常被视为《小红帽》童话的原始形式——结局是小红帽和奶奶被大野狼吃掉，而且留在它肚子里没有被救出来。

如果从道德说教的角度进行阐释，将这只大野狼看成性饥渴不知餍足的男人，那无非是个原始神话的诠释。这个诠释我们可以沿袭，但也可以放弃，其实我们不一定非得把大野狼想象成男性。

格林版的结局是，猎人得到了大野狼的毛皮，奶奶得到了蛋糕和葡萄酒，而小红帽得到了教训：要听妈妈的话。只要妈妈禁止，她这一辈子再也不敢离开道路。那我不禁要问：既然如此，小红帽为什么不干脆留在大野狼肚子里呢？

即使只将注意力放在道德层面,我们仍然可以看到一个重要问题:母亲对小女孩的制约和小女孩摆脱这个制约的尝试——及其失败:其中的危险在于,找不到出路以摆脱母亲的维系。这个童话告诉人,这样活着,才算得上是良民。但是这代价有多大?

天真的受害者:阴险的攻击者

第二个解释的层面,是把这个童话视为一个无辜、天真的受害者(小红帽)和一个狡猾、阴险的攻击者(大野狼)之间的冲突。今天有很多人直觉地从两者间的对立出发去解读、重述这则童话。[14]这一个人类共同的困境——受害者和攻击者之间的联系和争斗——因此可以在小红帽和大野狼相遇的意象中得到表现。甚至布雷施纽(Breschnew)[15]也用过这个意象,他说,那些认为南斯拉夫是小红帽、苏联是狡猾大野狼的人,无非是在讲童话故事。

把《小红帽》的故事直觉地理解为受害者—攻击者问题的表现,在我看来可能和小红帽形象的多种变化有关。很多让小红帽解放的男性解释者,实际上对女性解放并没有多少贡献,而只是让受害者从受害者的角色和处境中走出来。从这个角度说,小红帽当然也可以象征男性——身为受害者的男性,或者时而是受害者,时而是攻击者的男性。小红帽和大野狼可以代表我们未经斟酌而交替采取并且有待改变的立场。男人和女人都有可能显现小红帽和大野狼的行径,比如说我们长久以来都听凭外在条件的决定,凡事认命,骗自己说这是对自己最好的,而有一天毁灭性的愤怒却像山洪一样突然暴发起来。

当然,我们也可以按照第一个层面的阐释,从"天真的受害者—阴险的攻击者"这个角度来看待男女关系,也就是把两性关系看作强暴。如果是这样,《小红帽》就必须改写。

可惜这样的转变往往只是角色的互换:小红帽毫不犹豫地一枪毙了大野狼。这并非进步。这个童话对这种情况没有提供任何解决方式,它没有像其他童话那样告诉我们,受害者和攻击者如何更好地相处,那么其中的教训真的只有:要小心大野狼,千万不可以太天真而相信它们的话,要躲它们远远的。但这样一来,你也只好一直留在妈妈身边,不会改变,不会随着年龄成长。小红帽和大野狼不是理想关系的模范。[16]

在新的版本中有人做了一些努力,让大野狼和小红帽和解,比如问问大野狼为什么这么贪婪,这样的尝试可能是出于以下的认知:受害者很容易变成攻击者;人总是在受害者与攻击者的角色中求得心理的平衡。

一个以深层心理学为基础的解释

这则童话故事开头提到的人物是妈妈、小女孩、奶奶,我们看到的是一个母性领域,爸爸和男性都未被提及,他们都不见了或被排除在外。

这则童话的目的可能是要告诉我们,如何与男性建立关系:从客观的层次来理解,指的是和一个男人建立关系的能力;从主观的层次来理解,指的是与自身男性特质的关系。童话告诉我们,如果一个人的男性特质与女性特质处在良好的关系中,或者特定的生活情境中所必需的特质都能获得发展,那么他就可能幸福快乐,而且心智也能随着年龄成长;在这里,为了能脱离母亲的维系,一个人必须发展男性特质。小红帽被描述为"可爱的小女孩",人见人爱,但是最疼爱她的要算她的奶奶,她都不知道该送小女孩什么才好了，最后是她送给小女孩那顶小红帽。妈妈们和女儿们对小红帽的喜爱，可能就是源于这个描述；在某种情况下，这也许会引起女儿的愤怒，因为妈妈想要把她限定在小红帽的角色上。谁不希望自己人见人爱？谁不希望有这么个乖女儿？虽然我一直希望活泼能取代乖巧的位子，但是不知道怎么搞的，似乎总有这么个女孩子的理想模式隐藏在暗处。

那顶红色的绒帽经常引发各种各样的想象：首先红色是个信号色，一个引人注意的颜色，因此也让穿戴红色的人引人注目，它发出信号，但也受到监督；红色同时代表活力、生命力、攻击性、能量以及血，因此，那顶帽子也可以隐喻初潮（Menarche），奶奶用这顶帽子把小女孩装扮得与众不同，同时也强调了小红帽是个重要人物。如果我们考虑到红色是爱神的颜色，便可以推想小红帽正慢慢长大，必须脱离母亲进入情欲的世界。

这三位女人也可以被视为三位一体的女神，即神圣女神（Groβe Göttin），她化身为春神，也就是女孩；化身为夏神，也就是爱神和大地女神；同时也代表冬神，也就是死神，掌管冥界和智慧的女神。这三位女神被视为史前欧洲神圣女神的三个分身，[17] 各占一种颜色：春神为白色，夏神为红色，冬神为黑色。

也就是说，小红帽可能正在从春神转变为夏神，推动力却来自于奶奶。换一个说法就是，成熟的过程是命定的，但是每一种成熟都包含死亡和再生的体验。如果以此昭示人的命运，那就意味着：女性自我同一性已经到了该转变的时候，首先必须脱离作为个人的母亲，转向母亲的母亲，也就是母性自身，这个转变才有可能发生。

现在我们发现，童话中有一个很奇怪的矛盾：母亲对待小红帽就像对待很小的孩子；但是那顶红色帽子已经表露了成熟的必要性。也有一些作者，譬如贝特汉姆（Bettelheim）[18] 提出早发生月经的看法；但是我倾向于把小红帽的母亲，视为一位过度保护小孩，而不肯让小孩按期发展的母亲。

从一个小女孩的角度来看，这个童话表现的就是母亲想要尽可能长久地把孩子留在童稚阶段的情况，她不愿让孩子在人生中受伤害。但是女孩总得变成女人，这个转变常常表现为女孩死亡，然后再生成为一个成熟女人；从象征的意义上来理解，这是一个成长的过渡时期，从一个对前途仍有所憧憬的成长状态转变成实在的生活态度，也就是有所担当，凡事操心，为自己、为他人、为生活打点的母性态度。

如果用童话语言来表达一个与年龄相符的简单变化，也许可以这样说：她走进森林——走向自然之母，走向超个人的母亲——在那里她遇到一位英俊的王子，也许还是个"动物新郎"——白天是动物，到了晚上才变成英俊的王子。[19]但是小红帽遇到的是大野狼，它在童话中是个阴险的角色：她没有邂逅英俊的王子，却遭遇了阴险的大野狼。

在这里大野狼体现了一个"贪婪的原则"：饥饿和好斗是它的特点。只有当它是饿狼的时候，才会好斗、攻击；然而它也非常大胆勇敢。大野狼也象征吞噬一切的死亡。小红帽遭遇的是以大野狼形象出现的攻击性、攫取性以及毁灭性，也就是说，这些秉性呈现的还是动物的形式，一种本能冲动的形式。大野狼对小红帽问题的回答清楚地表现了它的性格本质：看、听、抓、吃对它很重要，这还是人类出现之前的攻击形式。然而大野狼也会说话，这表示它距离人类也不远。

但是一开始大野狼以另一种面目出现：它要小红帽欣赏美丽的大自然，欣赏那些花朵、鸟儿，可以说它是浪漫派自然神秘主义的代表，或者它只是要人好好欣赏自然之美，为的是引诱人离开正道，要人推卸责任和摆脱伦理的束缚。大野狼这么做真的只是为了要争取时间吗？

如果我们把大野狼看作小红帽自己人格中的一个特征，那么非常清楚：一旦母亲赋予小红帽更多的行动自由，她立刻就得面对自己人格中的大野狼，也即在这之前一直"被排斥的"、游荡的、有攻击性的、对生活饥渴的一面，这一面当然也可能变成对生活的贪婪，而这是很危险的。小红帽想要的花越来越多，就是表明了这一点，纵使这只是一种无害的方式。她面对大野狼，正是面对自己较为散漫的存在方式，少受义务的约束，但也得不到别人的赞许。童话告诉我们，这样的人生计划是危险的：首先只求尽情享受游荡的快乐，去看花，去寻找对大自然的情欲关系，同时也寻找自身的情欲；走自己的路，这也正是攻击欲的表现。然而在这则童话中，一道禁令挡住了自己的路；但是通过这个禁令，母亲同时也暗示了，要走自己的路，就必须离开母亲。

从这里我们也可以看到母亲发出的双重信息：这孩子应该走自己的路，但又不应该走：这是教养孩子的过程中常见的态度。没有人希望阻碍生命的前进，但也没有人愿意忍受伴随而来的失落。我们也常经历个人内在的心理冲突，即前进的必要性和停步的愿望之间的冲突。

当小红帽还在采花的时候，大野狼把奶奶吃掉了。换个角度，假如我们现在把大野狼看成是奶奶的一个人格特征，那么她就是被贪婪的原则吞噬了：她被想拥有小红帽的欲望给吞噬了，当孩子终于出现的时候，她变成了大野狼，出于纯粹的爱把孩子也给吞噬了，这是吞噬一切的母爱的意象，同时也象征着一个奶奶和母亲都很溺爱的人所面临的危险。在大野狼的肚子里虽然很安全，但是被限制在伸手不见五指的黑暗中，动弹不得，只能等人来救。

从客观的层面来看，这样的小孩受到过度的保护，没有许可，什么也不能做，在思考和感觉方面，很可能也全盘接受来自母亲的决定。主观的层面上——当然是配合客观层面来看——这会导致忧郁或上瘾：自我情结很少被唤起，无法对抗潜意识的引诱和纠缠。

一位能对确定目标表现攻击性的男人——这里表现为猎人——至少能够中止无所作为的消极状态。这时虽然出现了一个紧缺的男性人物，但事实上并没有新的转变，因为并没有与男性建立有约束力的关系。如果想从母亲的维系或从母亲情结的控制中解脱出来，并进一步独立自主成长的话，这样的关系是很重要的。但是小红帽却回到母亲身边，答应母亲会永远听话。就此而论，这确实是个戏剧性的童话，最终还是没有发生任何转变。奶奶的住处挨着橡树和榛树林，表明她是德鲁伊（Druiden）的后裔；葡萄酒和蛋糕是万物之母的饮食，如果我们把奶奶理解为万物之母（Große Mutter）的化身，那么童话显示，大野狼最后吞噬了万物之母，亦即被女性成长和多产神话排除在外的男性终究吞噬了女性，然后自己生产。小红帽和奶奶从大野狼肚子里被解放出来，也可被视为剖腹生产。

弗洛伊德[20]就曾问过自己，大野狼身上是不是可能隐藏着一个女性原则，这一幕似乎隐藏着死亡与生产的想象。这无疑是对的，但我们还是可以保留大野狼的男性形象，视它为躺在奶奶的位置上，取代万物之母[21]地位和任务的人。就像其他很多童话，这则童话也与从母权制度到父权制度的过渡有关，在这里显然是一个非常暴力的过渡。

对万物之母的侵吞我们已经非常熟悉了，毕竟在我们生活的时代，这种侵吞已经"果实累累"了："压榨自然"曾经一度成为流行用语，这不是没有道理的，但现在几乎无人提起了，因为这类流行用语也改变不了什么；如今，人类的繁殖受孕已可借助科技进行人工操纵，其科技化的程度至今尚难估量。关于女性周期性死亡与再生的所有知识已经"含糊了"，自然生长的细节不再有人过问。现在当然不单单只有男人想征服万物之母，男人与女人有相同的想法，同是犯罪者和受害者。尽管如此，对万物之母的担忧似乎较容易让女人理解，也许她们对她并不很畏惧，今天有个现象特别能够表现这种担忧：古希腊时代之前的神圣女神再度成为人们的话题，她被大量描述，可能也被理想化了，这促使女人认真看待自己的体验和感觉，有意识地将其与男性思想同等看待；不仅如此，男人也因此认真看待自己的女性特质，把它看作整个生活和思维方式中的一个组成部分。

在童话中，小红帽原本应该看透大野狼，但由于天真，她没有做到。在很多时候，我们是不是也像小红帽，由于过分天真而看不到事实的真相？虽然小红帽问了那些有名的试探性的问题："为什么你？"从那些问题中可以看出小红帽的怀疑，但光是提问显然还不够。

最切近的解释可能性有两种：一种关注的是个人：一个受母亲过度关照的女孩，她的母亲情结既保护她，但也束缚她，她必须踏出成长的一步；更糟的是，父亲还缺席，用童话语言来说，男性特质不是以友善的帮助者或勇于行动的王子形象出现的，而是表现为大野狼。每个人身上都同时具有女性特质和男性特质，只有在我们身上的男性特质觉醒，并且进入生命之后，我们才能找到出路，走出共生（Symbiose）[22]。而在这里这是不可能的，"被吞噬"这一点太突出，尤其是被贪婪或幻想等吞噬。

除了这一个以个人发展为主的解释方式之外，另有一种解释偏向集体的发展：被排除在外的父权想要篡夺母权的神秘力量。这在得墨忒耳神话（Demeter-Mythos）[23]中有很清楚的表现，该神话在这则童话中有所转化。

这个神话说的是大地女神得墨忒耳（Demeter）不愿交出她女儿的故事。科瑞（Kore）有一次在独自采花的时候被哈得斯（Hades）看上，他把她带回地府做妻子。母亲失去女儿科瑞后伤心万分，便让大地再也长不出任何东西，借此强迫宙斯介入。就这样，从此以后科瑞每年有三个月留在地府，这时她名叫珀尔塞福涅（Persephone），有九个月留在地面上母亲的身边。这则神话中的强迫婚姻，也暗示着父权取代女性生产的神秘力量。神话中的地府相当于童话中大野狼的肚子。

然而，在神话中他们找到了一个解决之道，珀尔塞福涅在地府中怀孕了。而童话中却缺少这一部分，小红帽并没有嫁给猎人，男人与女人之间的关系，个人内在心理（intrapsychisch）的男性特质和女性特质之间的关系并没有改变。

如果一个人对这则童话中女主人翁的姿态从头至尾完全认同，那身为分析者就要问：小红帽现在该怎么改变自己，最后才可以既不必留在母亲身边，又不会被大野狼吃掉？其实有一些新的解答方案已经出现，直指社会集体意识的改变，比如这样改写童话：小红帽和大野狼用别的方式打交道，小红帽也不再那么天真，已经在很大程度上脱离了母亲情结。

童话与被分析者经历之间的关系

安吉拉对大野狼和小红帽必须同等对待。前面分析童话时谈到的那些主题，同样也是安吉拉遇到的问题；小红帽面临的危险，同样也威胁着安吉拉。这则童话如此吸引安吉拉，说明母女脱离对她也是个问题，这个问题也同样牵涉到我身为分析者的身上，因此必须发掘她与她自己身内身外极富攻击性的男性特质之间的关系。在这个主要问题的背后，我们还谈到女性自我同一性的改变：安吉拉问自己，她是否想要一个小孩。这个自我同一性的改变很明显地可以被理解为死亡与再生，可能还伴随着巨大的焦虑。在讨论这个童话的时候，安吉拉有一次说：大野狼吃了爸爸。安吉拉的爸爸在她四岁的时候过世了。所以说，害怕被神秘力量吞噬，这也与对死亡的记忆联结在一起。在某些情况下，神圣女神（Große Göttin）也是死神。

除此之外，安吉拉也像所有人一样，必须面对我们这个时代共同的问题，简单地说，我们既不能让万物之母（Große Mutter）吞噬，也不能让大野狼吞噬，即我们不能仅仅当个天真的女人，也不能像某些女权主义者那样，毫无批判地认同万物之母。关键在于发展我们的独立性，因为这里既涉及与万物之母的关系，也涉及与大野狼的关系。[24]

很明显地，这个童话故事触及了安吉拉的基本问题。安吉拉因为和母亲关系良好，所以原本有个正面的母亲情结：哪怕再穷，她也总是觉得自己很富有，她能看见世上的花朵，总能找到安身之处，不管是住房还是工作。这个世界对她没什么敌意，所以有时候她也像小红帽一样天真，看不到丑恶，往往也看不到他人和自己身上的攻击性。她藏身于一个幻想世界，只有死亡才有可能破坏的幻想世界。在少年时代：她幻想自己会早死（她同父异母的姐姐早死），但是她希望在死之前能和男人发生性关系。今天，这个死亡的念头已经被生存的愿望取代。

安吉拉有攻击障碍以及与之密切相关的焦虑问题。在家里，攻击者是大哥哥们，安吉拉担当的是焦虑害怕的角色，其后果是消极、不活跃。但是在安吉拉的生活中，起初也没有出现可以吸引她脱离与母亲紧密关系的出色男性。后来她在现实生活中终于找到了一个男人，然而这个男人，大野狼于他就像于安吉拉自己，也是个大问题。如果她能有效地解决自己身上的狼性成分，那她就能给她的伴侣以机会，让他更多地容忍自己身上的狼性成分并加以改进。但是安吉拉也一直处在被父权湮没的危险中，也就是说，如果出现非常权威的男性，安吉拉就很难保持自信，她的女性自我同一性一下子就变得没有价值了，形象地说，就是万物之母被吞噬了，不可能再与她认同；安吉拉不可能在一个大男人身边做个大女人。

这里不仅关系到她是否在身外找到了与男性的关系，而且我们也要问，她是否在心理内部也找到了与男性的关系。那些让她觉得自己被父权湮没了的男人，必定符合她自身内在的男性人格成分，这些成分一旦形成，那些男人就会把她变成一个小女孩。相反，那些本身就受母亲情结制约的男人，很可能和女人站在同一阵线，但这对处理大野狼的问题根本没有帮助。问题是，在这些男人面前，安吉拉在多大程度上担当了母亲的角色？也就是说在她身上，"老男人—年轻女孩"或者"母子情人"的关系幻想还占有多大的地位？[25]

被母亲情结所困，不能如期完成发展步骤而停留在小女孩的阶段，这个问题对安吉拉的困扰到底有多严重，在她进修课上所写的童话中可见一斑，在这个童话中，一位老母亲吃掉了一个年轻的妈妈。

通过童话成长的可能性

在运用最喜欢的童话做治疗的过程中，我会要求被分析者用不同的童话题材做游戏。这样就能找到真正切身相关的题材，而且这些题材也可能发生变化。

开始安吉拉索性靠童话打发日子，她搜集一些突发的灵感，记忆连连浮现，然后她才处理单个主题。安吉拉运用想象的方法，即主动想象和绘画。所谓想象，就是将那些不再存在或还没有出现的事物所引发的内在意象呼唤出来，审视之后加以改变。也就是说，这些意象可以改变，它们有自己的生命。我们的焦虑越少，就越能给予这些内在意象以及其中出现的人物更多自己的生命。主动（aktive）想象带给想象额外的元素，使我们能尝试以自我人格（Ich-Persönlichkeit）和想象中出现的人物形象建立关系，那些人物形象会因此产生改变，而自我情结也会改变，这表现为情感、情绪的改变。安吉拉做了以下的想象：

入睡前对小红帽的幻想：我看到一个"倔强"、不听话的小红帽，她还很有攻击性，把奶奶的肚子都剪开了。这个幻想令我感到害怕，我不愿继续想了。

大约两天之后：小红帽正在前往奶奶家的路上，她提了一个很大的篮子，里面有吃的东西还有酒，篮子很重。这条路小红帽常走。但是今天她一点兴致都没有："每次都要我到奶奶家，我宁可和其他的小孩子玩。"小红帽来到林中空地上："哇，我喜欢这里，这里的阳光好美。我真想躺下来睡一觉，做个梦。接下来就是那段阴暗的森林，每次我都好害怕，我宁可再待一会儿，晒晒太阳。"于是小红帽躺在太阳下开始做梦，突然觉得有人走近，她吓了一大跳，睁眼看到一只大野狼。"你今天怎么了，不想去奶奶家吗？"大野狼问。它的声音很温和，眼光中透着一丝狡黠和兴奋。这个我喜欢，小红帽心里想。大野狼继续说："你要不要跟我来，小红帽？跟我们狼群在一起，你一定会很喜欢。我们那里一定不会像你在自己家或在奶奶家那么无聊，你有很多时间可以玩，其他狼崽子你一定也会喜欢的。"小红帽考虑了一下：

今天这篮子这么重,路还那么远,我今天一点也不想去看奶奶,也不想再回家,每次妈妈都要我穿过这个森林。最近她又老是心情不好,在奶奶那里真的也很无聊。"在我们那里你就不用害怕阴暗的森林了,跟我们在一起,你一定会觉得很安全。"小红帽跳起来说:"好,我跟你走。这篮子很重,你帮我提着。"

那个攻击性很强的幻想表达了对奶奶的愤怒,安吉拉放弃了那种幻想。她接近了吸引她的大野狼,小红帽不再富于破坏性,但是很倔强。对大野狼的这种想象作为示例可以代表多种不同的意义,大野狼没有了危害性,或者它已经被整合了?为了找出答案,我要安吉拉以小红帽的身份和大野狼对话,这样的情形又一次出现,大野狼以类似同学的身份出现,要引诱她到一个好玩的地方去。

现在我要安吉拉分别进入大野狼和小红帽的角色:

——我是小红帽,我觉得很轻松,没有焦虑。
——我是大野狼,我觉得自己很笨重,全身是毛,被包住了。我和小红帽做朋友很费劲儿。我觉得自己很僵硬、很笨重,真的很笨重。

在对这个想象进行思考的时候,安吉拉看到,她害怕她的大野狼,害怕自己是大野狼。安吉拉对自己生气:"现在我该有攻击性,但是我却害怕攻击性。我没有办法像大野狼那样凶。"结果她反而觉得自己像瘫痪了。想想小红帽是以何等的破坏性对待奶奶的,我们就不会惊讶为什么会害怕自己身上的狼性成分了。安吉拉在团体中有时感觉到的瘫痪,很明显是因为过度的攻击性及其障碍。[26]

接下来安吉拉做了一个想象,其中她用红帽子跟大野狼换了三根毛，这三根毛在危急关头可以帮助她。

有一天，小红帽又从奶奶家回来。她现在有了一辆脚踏车，所以轻松多了，因为她喜欢骑脚踏车。小红帽在老地方又看见大野狼，大野狼跟在她身边跑了一段路，它大喊："停下来，小红帽，我想求你一件事。"今天小红帽几乎无人能阻挡，但是快到森林尽头的时候，她还是停下来了。

"什么事，你要我做什么，大野狼？"

"我想要你的红帽子，你能不能送给我？我要把它藏在一个没人知道的地方，我会送你三根我颈背上的毛。"

小红帽同意了，虽然她还是有些舍不得那顶帽子。大野狼指示她如何拿到它的毛，它要小红帽（逆着毛发生长的方向）抚摸它的颈背，留在她手背上的毛当然不止三根。"现在你只能保留三根。"大野狼说。小红帽从篮子里拿出一个小盒子，那是以前奶奶送给她的，她把那三根毛放进盒子里。

现在小红帽有了大野狼的毛，她把毛保存在奶奶送给她的首饰盒里，那是她心爱的礼物。小红帽不知道自己为什么偏偏把毛放进了这个盒子，但它们就是属于那儿。

我要到城里去，现在就得走，我不能再待在这里，我必须离开这个地方，我要到打扫烟囱的工人家里去。为什么我会知道那里？我就是知道。我知道那个房子，虽然我从没去过，它就在市郊。打扫烟囱的工人有一条大黑狗，他一个人住，他是一个孤僻的人。

我敲门，"进来。"——我打开门。桌边坐着一个人，手臂撑在桌上，双手抱着头。我看不到他的脸，但是我猜想，一定很阴郁。我转身想走，他好像察觉到了。"不要走！"他大声说。我想到我口袋里的狼毛,这一刻我感觉到我的眼睛露出凶狠。

"我不喜欢这个地方,为什么不能走?"

"你还想去哪里?"他问,比先前友善了一些。

"我总有地方可去,不过我想先看看这房子。"

这个想象也可以代表多种意义。安吉拉遇到很多意气消沉的男人,他们总是试图限制安吉拉,当然这也表现了安吉拉的抑郁对她自己的束缚,当她不具备足够的攻击性,因此无法按照自己的愿望和需求采取行动的时候,尤其可以觉察到自己的抑郁。现在有了狼毛,她随时随地都有攻击的欲望,因此那些意志消沉的男人无法再把她留在他们令人沮丧的房子里。现在她的眼睛闪着凶光,她的性情中已经整合了一定的狼性成分。

我们可以从别的童话故事中认识狼毛:狼毛是狼的力量和特性的载体;如果主人翁帮助了狼,也就是说认识了自身像狼的那一面,而且让这一面表现出来,那他或她就会得到一根狼毛,标志着这一面与她或他的结合是非常有益的。小红帽用红帽子换取狼毛,从象征意义上说,这是正确的举动,因为有了狼一般的攻击欲望,她的内心和外在表现都有所改变。狼毛给了安吉拉力量,让她能够找出那些她所谓的"意志消沉、性格乖僻"的男人,然后与之保持距离。这个改变也表现在她不再画小红帽,而开始画另一个女性人物。

她画了一张图,标题是:红发佐拉(Die Rote Zora)。小红帽现在真的完全变了。红发佐拉来自库尔特·黑尔德(Kurt Held)写的一本同名青少年小说,书中的女主角就叫佐拉,她维持着自己以及整个团伙的生计,因为没有别人理会他们的生死,他们自认很勇敢而且富于攻击性。佐拉的红头发确实代表攻击性、野性,至少那些不理解她的人觉得她确实有些劣根性。红发佐拉对安吉拉非常重要，所以她把她画下来，记录下来。

在下面的想象中，安吉拉对猎人非常放肆：

"你刚才在和谁说话，小红帽？你不能老是离开道路，你妈妈在家等你。"

"为什么我不能做点有趣的事；我如果告诉你刚才和谁说话，你一定会吓一跳。"小红帽回答。

"和谁？你该不会是自言自语吧。"

"才不是，是大野狼！"

"你疯了吗？跟那个野兽打交道，这太危险了！"

"我不知道谁更危险，是你还是大野狼？你自己也和大野狼一样猎杀动物，你有猎枪，有枪是不是让你觉得自己像狼一样厉害？"

猎人非常生气。"你越来越恶劣了，怪不得跟这种东西打得火热！"

小红帽真想吐猎人一口唾沫。"我真的很讨厌这家伙，他老是有一堆建议，我今天一句也不想听。"她骑上脚踏车，一溜烟儿不见了。

猎人是个权威人物，在童话中他也代表母亲的说教，在这里他失去了威力。最后还有一小段关于金发男孩的想象，整个过程到此暂时告一段落。

我听到一阵哨声，我从窗户望出去，见楼下站着一个男孩，他的金发在黑暗中闪闪发亮，他身穿黑色短裤和黄色套衫，头发乱七八糟，看起来有点邋遢。

"你不想从后门的楼梯下来吗？我一直跟在你后面，而且我知道你想再离开这房子。"

"你怎么会知道？而且我为什么一定要跟你走？"

"我喜欢你，你没有兴趣和我还有几个朋友到城里去捣乱吗？跟我们在一起总是很热闹的。"

现在已经没有了大野狼，出现的是一个喜欢找事做的年轻小伙子，一个年轻的阿尼姆斯形象（Animus-Gestalt），而且首先引诱她去参与一个青少年的行动，而事实上她已经是个 38 岁的女人了。

现在还有一些没有达到平衡的东西：一方面是消沉抑郁的阿尼姆斯成分，显现老态；另一方面阿尼姆斯也许还有那么一点急躁，主要是还相当年轻。

我们观察一下心理内部的配对有何改变：开始出现的是小红帽/大野狼这一对，现在这一对叫作红发佐拉/少年英雄，他们之间的关系比起小红帽/大野狼平衡多了，这是一种有生命力的关系，而且新的这一对整合了很多的攻击性。

做这么多关于《小红帽》童话的游戏，究竟给安吉拉带来什么帮助？

安吉拉自己写道：

> 小红帽已经失去她的童真，红色在我体内汇成河流。在月经期间，我强烈感觉到我肚子里的温热，这也与红色有关。我是不是怀着红色？
>
> 我觉得真的遇见大野狼了。大野狼不能像在《小红帽》童话中那样简单地被杀死。对我来说，大野狼身上蕴藏着巨大的力

量，它不怕狂风暴雨。现在我看到它独自穿过森林。

对于那些我对小红帽角色想象中出现的"意志消沉、性格乖僻的"男人来说，大野狼也是很重要的，它还没有深入他们的内心，"红发佐拉"会有办法建立联系的。

我还有一个感觉，一段被切掉的过去又复活了。先前它就像小红帽离开道路，迷了路。

小红帽有些游戏的性质。先前当我再次读我的想象时，我有种感觉，好像看到自己轻浮的一面，好玩、贪玩，同时也可能走错路。

在诊断安吉拉的情结结构时，这些关于最喜欢的童话的工作所起的作用与其说是澄清，倒不如说是总结。

然而重要的是小红帽和大野狼角色的改变：现在童话中的女主人翁可以采取这样的行为方式，让糟糕的结局不必发生。

然而原型（Archetypik）连同死亡之母和有掠夺性的男性依然是生命的背景；但有了这个改变，小红帽可以不必再乖乖地被吞噬。当然我们还要考虑安吉拉的抵抗力并不强，她随时可能又回复到小红帽的角色。

在治疗的范围内，这些童话作业引导了个体自主化的脚步。安吉拉觉得自己越来越能对自己负责，因此只要她认为是错误的，她就能坚持自己的主张，即使是让步，也可能会让事情变得简单。

勇敢的小裁缝

——与童话主人翁的认同

与童话主人翁的认同，我现在要举一个男士的例子，看看他童年时最喜欢的童话，看看如果一个人过久地和他童年时心爱的童话主角认同会发生什么，可能但并非必然发生的情况。

一位45岁的男士前来接受治疗，而且是在他离了三次婚之后。他看起来沮丧、僵硬；他个子很高，但是有些呆板，说话的时候很明显常常出现像"纪律""规矩""规定"和"升迁"等这些字眼。他说，他觉得与人热情接触很吃力，因为他是个很有成就的人；别人几乎都对他有些畏惧。他对属下要求很高，他有一个公司，但是据他自己说，他也很体谅人，可他非常注重纪律，随时掌控一切。他在我的治疗室里对我说话，就像在一个巨大的大厅里发表演说。我问他是否注意到他自己说话如此大声，他是否以为我没注意在听。他不解地看着我，然后说"我平常就是这样讲话"，然后他就继续说下去。我觉得自己没有空间，然后我发现自己在设法想些技巧来改善情况，但是我没想到什么好办法。

然后我问他几次婚姻破裂的原因，他说，他的妻子们都觉得他过分权威，而且他总希望被崇拜，他总是告诉她们他多会赚钱，好让她们佩服他，久了当然很无聊。然后那些妻子也觉得他没有活力而且固执。刚开始她们就是看上他这些特质，他给她们安全感，但时间久了她们就受不了了。那些妻子也一致认为，他把她们当财产一样对待，没有一点细腻的感情。在他说这一切的时候，她们几乎没什么情绪反应。

我问到他的童年记忆，他说，他记得父亲说的一个童话故事：《勇敢的小裁缝》。这个童话对他有着非常重要的意义；父亲一再讲述这个故事。父亲本人是个工人，而他的期望是儿子有一天比自己强。在他五岁的时候，有一次，父亲的同事对父亲说，他儿子将来有一天会出人头地。从此以后他父亲就觉得自己有个天才儿子。父子俩对此都深信不疑，这给了他们非常大的动力。但早在这之前父亲就给他讲过《勇敢的小裁缝》了，他到今天还记得很清楚。接着他把这童话说给我听，而且巨细靡遗到野猪被关进了教堂里，接着他说："然后小裁缝娶了公主，故事到这里就完了。"

这一切发生在第一次的治疗谈话中。刚开始和这位男士说话真的很吃力，一直到开始讲《勇敢的小裁缝》时，他才变得活泼起来。

童话概述[27]

一个阳光明媚的夏天早晨，小裁缝坐在靠窗的桌边干他的活儿，这时有个农妇沿街走来，一边吆喝着："果酱！来买果酱！便宜又好吃的果酱！"那悦耳的叫卖声传到小裁缝的耳朵里，于是他便从窗口伸出头大叫："这位好太太，上这儿来哟！这里有个好主顾。"农妇提着沉重的篮子上了楼，她照着小裁缝的话把一桶一桶的果酱打开，小裁缝看了看，又闻了闻，最后只买了四分之一磅。农妇原本以为找到了好顾客，她把那一点点果酱称给小裁缝之后就恼怒地走了。小裁缝自言自语说："上帝保佑我。这些果酱会让我身强力壮。"他拿出面包，切了一片下来涂上果酱。"一定很好吃，"他说，"不过我得先把这件背心缝好再吃。"于是他把涂了果酱的面包放在一边，心情非常愉快，他所缝的针脚也就一个比一个大。这时果酱的甜味招来了一群聚在墙上的苍蝇，它们纷纷飞到面包上，小裁缝偶尔抬头看见了这群不速之客，他大叫："滚开！谁请你们来的！"说着就驱赶苍蝇，但是苍蝇不懂德语，所以理也不理他，哪里肯走，于是面包上的苍蝇越来越多,这下子小裁缝火冒三丈,随手抓起一条毛巾,嘴里说着:"等着瞧,我要你们好看。"说完便狠狠地打了下去,他拿起毛巾一看,一共打死了七只苍蝇,有的连脚都伸直了。"你可真了不起。"他对自己说,不禁对自己佩服不已,"这壮举应该让全城的人都知道。"说完他便火速为自己裁剪了一条腰带,缝好之后他还在上面绣了几个醒目的大字:一举打死七个!突然他喊了起来:"嗨,什么全城,应该让全世界的人都知道!"说到这儿,他高兴得不得了,心儿欢蹦乱跳,活像一只小羔羊的尾巴。

现在小裁缝把腰带系在腰间,打算出去闯天下,他不愿再留在小小的裁缝间里。他在家里搜寻了一番,看看有没有值得带上的东西,他只发现了一块陈年奶酪,便顺手放进口袋里。在门口他意外地抓到一只小鸟,便把它放进装奶酪的口袋里。之后,他得意扬扬地上路,走着走着,来到一座大山前,到山顶上他发现一个力大无比的巨人,他壮着胆子走向巨人,对巨人说:"嘿,你好,朋友,你坐在这儿眺望世界是吗?我正要去闯天下,怎么样,有没有兴趣一块儿去?"巨人轻蔑地看了他一眼,扯着嗓子说:"你这个没用的小瘪三。"

小裁缝回答道:"你也太瞧不起我了。"说着他解开上衣露出腰带给巨人看。"你瞧瞧这儿就知道我是何等人了。"巨人念着上面的字:一举打死七个!他以为小裁缝打死的是七个人,心里不禁产生几分敬畏之意,但他还是决定要试试小裁缝的身手,于是他捡起一块石头放在手里,使劲一捏,捏得石头滴出水来。

"要是你真行,就照着做!"巨人对小裁缝说。

"就这个吗?"小裁缝说,"这没什么,我也行。"说着便把手伸进口袋里掏出奶酪,放在掌心轻轻一捏,乳汁就流出来了。

"怎么样?更胜一筹吧!"巨人不知道该说什么好,心里还是不相信这小子真有那么大的力气，接着他又捡起一块石头，朝空中一抛，石头飞得很高，肉眼几乎看不见了。

"可怜的小矮子，照着做吧！"

"马上办！"小裁缝说，"的确，你扔得挺高的，但是你的那块石头还是会掉回地上。我给你露一手，我扔出去的石头不会再掉回来。"说完，他从口袋里把那只小鸟抓出来往空中一抛，小鸟重获自由当然欢喜，便一飞上天，一下子就无影无踪了。"怎么样？朋友，我这一手还行吧？"小裁缝对巨人说。

"扔东西你还行，"巨人回答，"现在我要看看你是不是能扛重的东西。"

他把小裁缝带到一棵被人砍倒的又大又重的橡树前，说："我们一起把这棵树从森林里抬出去。"

"没问题，"小裁缝说，"你扛树干，我扛树枝，这树枝可是最难扛的呦。"

巨人扛起树干，小裁缝却坐在一根树枝上，巨人并没有回头看，于是他不得不自己一个人扛着整棵沉重的大树，再加上坐在树枝上的小裁缝。

小裁缝坐在后面还轻快地吹着口哨，仿佛扛树对他来说只是儿戏。

巨人扛着沉重的大树走了一段路，累得上气不接下气，再也撑不下去了，他喘着气说："听着，我不行了，我要把树放下来。"小裁缝敏捷地跳了下来，用两只胳臂抱住树身，装出一副一路上扛着大树的样子，接着对巨人说："亏你这个大块头连棵树也扛不动。"他们一块儿往前走着，来到一棵樱桃树前，树梢上长满了熟透的樱桃，巨人一把抓住树梢，拉低后递给小裁缝，好让他吃个够，可小裁缝哪有那么大的力气抓住树梢呢？巨人一松手,树就忽地一下子直起身,小裁缝也就跟着被弹到了空中,然后又安然落地。巨人嚷道:"怎么了?你连抓住这么一根小树枝的力气也没有。"小裁缝回答:"没那回事,我一举能打死七个,你以为我连根小树枝都抓不住吗?你知道是怎么回事吗?林子里有个猎人对着树开枪,我才急急忙忙跳过树顶。你要是有能耐,就跳给我瞧瞧!"巨人也想跳过树顶,他试了几次,每次都挂在枝叶间,这么一来小裁缝又占了上风。于是巨人说:"你是个了不起的小勇士,请到我们洞里过夜吧!"小裁缝很乐意,便跟着去了。洞里还有其他巨人在烤肉,大声喧哗。巨人指给他一张床叫他躺下歇息,但是这张床对小裁缝来说实在太大了,他没躺在中间,而是窝在一个角落里。半夜时分,巨人以为小裁缝已经睡熟了,抓起一根铁棒对准小裁缝睡的床猛打,他以为这下子把这只小蚱蜢给解决了。

第二天拂晓,这些巨人便动身到森林里去,把死了的小裁缝忘得一干二净。小裁缝仍然像往常一样活蹦乱跳,朝他们走去,巨人们一看,以为小裁缝要打死他们,个个吓得屁滚尿流,拔腿就跑,小裁缝呢,继续往前赶路去了。

走了很久,小裁缝来到一座王宫的花园里,他已经累得精疲力竭,便倒在草地上睡着了。这时王宫里的人发现了他,不少人围过来看,他们看到他腰带上绣的字:一举打死七个!"啊!"他们心想,"这一定是个了不起的英雄,和平时期他到这里来做什么呢?"他们立即去向国王禀告说:一旦战争,此人大有用场,千万不能放他走。国王很赞同这个主意,便派了一个大臣去找小裁缝,等他醒来,就请他到军队里效力。这位使者站在一旁,眼睛盯着熟睡中的小裁缝,一直到小裁缝睡饱了,伸了伸懒腰睁开眼睛才向他提出请求。小裁缝回答:"我正是为此而来的,敝人很愿意为国王效劳。"

于是他受到了隆重的接待，得到了一处别致的府邸。

可是其他的军官却很妒忌，巴不得他早点远远离开这里。他们商量着："要是我们和他打起来，他一举就能打死七个人，这怎么是好呢？我们一定会一败涂地。"于是，他们决定一块儿去见国王提出集体请辞，他们对国王说："我们这伙人没法和一位一举能打死七个人的大英雄共事。"为了一个人要失去所有忠心耿耿的军官，国王感到十分难过，他恨不得把他打发走，希望压根儿就没见过这个小裁缝。但是国王却没有这个胆量把他赶走，他害怕小裁缝会把他和他的人都打死，自己登上王位。他绞尽脑汁，苦思冥想，终于想到一个计策。他派人去告诉小裁缝，说小裁缝是个了不起的大英雄，因此要向他提出一个建议：在他的领地上有一座大森林，森林里住着两个巨人，他们俩烧杀抢劫，无恶不作，危害极大。可是至今没有人敢冒生命危险去和他们较量，要是小裁缝能用任何武器制服杀死他们，他就把女儿许配给他，并赐给他半个王国做嫁妆，而且他还会派百名骑士帮他。小裁缝心里想：这可是个千载难逢的好机会！一位漂亮的公主还有半个王国，真不赖。他马上答应了："噢，好的，我去结果那两个巨人，那100名骑士我不需要，像我这样一举可以打死七个的英雄，两个巨人怎会是我的对手呢？"小裁缝出发了，后面跟着百名骑士，他们来到森林前面，他对那些骑士说："你们就待在这儿，我一个人去收拾那两个家伙。"说完，他独自一个人进了森林，一边走一边扫视四周，没多久他就发现了那两个巨人，他们躺在一棵大树下睡觉，鼾声如雷，树枝被震得上下摇摆。"我赢了！"小裁缝小声说，一边忙着把两个口袋装满石头，然后爬到树上，他悄悄攀上一根树枝，树枝下就是那两个熟睡中的巨人。接着他把石头接二连三地朝其中一个巨人的胸口使劲砸下去，一直到这家伙生气地醒来，用力推搡身边的同伴，问道："你干吗打我？""你在做梦！谁打你来着？"另一个回答，说完他们又躺下来睡。这回，小裁缝把一块石头朝第二个巨人的胸口砸了下去，第二个大光其火，大喊道："你干什么！拿什么东西打我？"第一个咆哮道："我没打你啊！"他们争吵了几句，但他们实在是太困了，又闭上眼睛继续睡。小裁缝呢，故伎重演，选了块最大的石头朝着第一个巨人狠命地砸了下去。"这太不像话了！"第一个巨人大吼，他像发疯了一样从地上一跃而起，朝他的同伴猛打，第二个分毫不让，以牙还牙。两个家伙怒不可遏，把一棵棵大树连根拔起，朝对方猛扔，最后两败俱伤，都倒在地上死了。"真是万幸，"小裁缝说道，"幸好他们没有拔这棵树，否则我就得没命地往下跳了。"说完小裁缝高兴地从树上下来，拔出剑轻轻松松地在每个巨人的胸口猛刺了几剑，然后他走到那些骑士面前说："那两个巨人躺在里面，已经被我解决了。可真是一场惊心动魄的战斗，面对我这样一个一举能打死七个的英雄，他们吓得把大树连根拔起，负隅顽抗。当然啦，那是徒劳。"骑士问："您一点伤也没有？"小裁缝回答："没事，我毫发无伤。"骑士们不相信，策马进森林一看，两个巨人倒在血泊中，四周还有连根拔起的大树，他们很惊讶，同时更加畏惧小裁缝，他们深信如果和他为敌，小命就难保了。他们回去向国王报告了一切。小裁缝也来了，要求国王兑现赏格。没想到国王却后悔了，不想把女儿嫁给他。国王又左思右想，考虑要怎样才能把小裁缝打发走。于是他对小裁缝说："在得到我女儿和半个王国之前，你必须再完成一个艰难的任务：在那森林里还有一头对人畜危害极大的独角兽，你必须捉住它。"小裁缝一点也不在意,他带着一根绳索便动身去了森林。他让他的随从在森林外面等着,他要独自一个人去捕捉那头独角兽。没花多少工夫,他便发现了那头独角兽,它就在眼前,正向他直冲过来,他说道:"别忙,别忙。"他纹丝不动站在那里,等独角兽逼近,才敏捷地跳到树后。独角兽发疯似的冲来,再也停不下来,径直撞上大树,把角牢牢地戳进树干,怎么拔也拔不出来,它就这样被困住了,于是小裁缝从树后走出来,用那根绳索套住独角兽的脖子,牵着它走出森林,回去见国王。谁知国王还是不肯把答应的奖赏赐给他,他又提出了第三个条件:小裁缝必须再到森林里去逮到一头野猪,然后才举行婚礼。他的猎人会帮他。"乐意效劳,"小裁缝回答,"那还不容易。"于是他再次进入森林,他把猎人留在森林,猎人当然很乐意,因为那头野猪常常不买他们的账,他们一点都不想念它。野猪一看到小裁缝,口吐白沫,露出利牙,朝他猛冲过来,想一头把他撞倒在地,谁知勇敢的小裁缝敏捷地跑进旁边的一座小教堂,转眼之间,又从窗口跳了出来,野猪追进了教堂,小裁缝赶紧跑上前把门关住,笨重的野猪没法从窗口跳出来,就这样被逮住了。小裁缝把猎人叫来,好让他们看见被逮住的野猪。然后小裁缝回去见国王,告诉他:"我已经捉住那头母猪,同时还有国王的女儿。"不难想象,国王听了心里是什么滋味,但他没办法,只得履行诺言把女儿嫁给小裁缝。当然,他还是一直相信小裁缝是个伟大的英雄。要是他知道他只是个小裁缝,他宁可给他一些针线活儿。婚礼很隆重,气氛却并不欢快,不过,小裁缝还是当上了国王。

不久,年轻的王后在一天夜里听见丈夫说梦话。小裁缝在梦中大声嚷着:"徒弟,快点儿把这件背心缝好!再把这条裤子补一补!不然我就让你的脑袋尝尝尺子的厉害。"于是她心里就明白她的国王丈夫是什么出身了。第二天一大早,她对父亲大发牢骚,抱怨国王给她选的丈夫只不过是个下贱的裁缝。国王安慰她说:"今天晚上你打开房门,我派侍从守在外边,等他睡着了,我的侍从就悄悄进去把他制服。"妻子听了,正中下怀。当了国王的小裁缝有个男仆,听见了老国王的话,就把这个阴谋禀报了主子。小裁缝听了说:"没关系,我有办法。"到了晚上,小裁缝像往常一样按时上床就寝,躺在妻子身边,假装睡着。她以为他已经入睡,便起床把房门打开,然后又躺回床上。小裁缝只是装睡,这时便拉开嗓子喊叫起来:"徒弟,快点儿把这件背心缝好!再把这条裤子补一补!不然我就让你的脑袋尝尝尺子的厉害。我一举打死了七个,杀死了两个巨人,还捉住了一头独角兽和一头大野猪。难道还怕站在外面那几个?"听了小裁缝这番话,站在房间外面那几个人,个个吓得要死,拔腿就跑。从此以后,再也没有人敢碰小裁缝一根毫毛,他就这样继续当他的国王,一直到死。

在忘记这个童话的画面之前,我们可以设想一下,如果把这个童话搬上舞台,我们想饰演哪一个角色。尝试一下设身处地地进入童话中的不同角色:小裁缝、几个巨人、国王的部下,当然还有国王的女儿,这样我们就能从不同的角度来看童话的情节,而不单单是以主人翁的角度,于是童话就会变得更易理解。

对勇敢的小裁缝我们往往不知道该不该喜欢;我们当然喜欢他的花招、他的诡计,也喜欢像他这样的小人物可以对付强有力的大人物,最后我们也很高兴智力终究胜过蛮力。

小孩子的成长有阶段性,不管小男生或小女生,都会很喜欢这个童话,因为小孩子很容易觉得自己就像勇敢的小裁缝,身边净是大巨人；又因为对一个小孩子来说，大人就像大巨人。这个童话让孩子们强烈地感觉到，面对"巨人"他们不是可怜无助的。只要想想小孩子是如何毫无猜忌地使用花招，让"巨人"心甘情愿地去替他们达成目的，那么与勇敢的小裁缝的认同也就显得很自然了。但我们喜欢的也许不只是花招诡计终究强过暴力，而且还有小裁缝的愉快和自信：他从来就不知道有什么可以阻碍他向上爬，他没有怀疑过自己。这样的自信与社会地位晋升的梦想当然是分不开的。费切尔（Fetscher）在他的疯狂童话书《谁吻醒了睡美人》(*Wer hat Dornröschen wachgeküßt*) 中，把《勇敢的小裁缝》理解为一个裁缝师地位晋升的故事，看作裁缝师的革命。他说的当然有一定的道理，我们可以把革命理解为个人心理内部层面的：自觉地认识自己原本被压抑而现在显现的能力，并加以应用。

如果深入理解这个童话，我们会发现诡计也变成了暴力，最后所有人都怕他，就像刚开始他们怕巨人一样，于是我们也许就不那么喜欢这个童话了。

提到这个童话时常用的那些口号，譬如，脑力胜过体力，文化胜过自然——巨人就是自然的化身——可说是道出了此中真谛，又可说并没有道出真谛。此外还有一个问题：我们该喜欢小裁缝这么多的自信？我们该急着学习他的自信？或者我们该管这勇敢的小裁缝叫大骗子？那些曾经一度把《勇敢的小裁缝》看作最喜欢童话的人，后来大都会轻描淡写地说："其实他是个骗子。"一方面被这种人百折不挠的自信所吸引，另一方面又怕他骗人。也许我们必须问问自己，在童年时代，我们对这个童话的反应如何；现在是大人，有意识地重读这个童话，感觉又是如何。

当时作为孩子，现在作为成人，体验是有差距的，也许这就是理解这则童话所引起的矛盾感觉的关键所在，同时也是理解这位分析对象的关键所在。通过这则童话，通过与勇敢的小裁缝的认同，他表现了自己，也道出了自己的问题。在我们初次见面的最初几分钟内，权力／诡计这个主题就已经形成了：他像在一个偌大的讲堂做演讲，没有真的注意我问的问题，而我非常迅速地开始寻找伎俩对付这个态度，虽然我没找到。这一切也表明，这个童话触及他生命中一个很重要的问题。

动身出发和自大理念

小裁缝在第一幕就表现出他的为人：他让农妇把果酱提上楼，承诺的很多，履行的很少；我们已经看到一个爱吹牛的人。乍一看，他的态度很果断：他知道自己要多少，绝不多买。他也不受农妇的操纵，从这个农妇身上，我们可以看到母亲的形象，但是小裁缝需要她、利用她，甚至滥用她。如果我们想象自己就是那个提着篮子上楼的女人，就会知道小裁缝的自得不值得学习，而且要骂他以自己的尺度衡量一切，一点不体谅女人。那农妇当然恼怒地走了。如果我们再设想自己是童话最后小裁缝的老婆，同样也会有被滥用被哄骗的感觉。

裁缝师经常出现在童话中：他们是手工业者，但并不身强力壮，这一点自卑必须以某种方式弥补。他们可能没有力气，但是他们有品位。人要衣装，佛要金装，而裁缝师制造的就是衣服。为了用衣装装点人，裁缝师必须清楚人身上的缺点，并且知道怎么掩饰这些缺点。裁缝师的工作是帮助我们在别人面前展现自己，他们负责我们的仪表。他们本身就必须诡计多端，能够创造新意，如果要让人看起来比实际漂亮，他们必须能骗人。在童话中，裁缝师的出现往往也有这个作用：裁缝师就像我们一般人一样，是平民百姓，但属于弱势群体，因此他们必须想办法补偿，而他们也办到了。他们是不可缺少的。

因此在我们身上，小裁缝代表的也就是我们较弱的，但又花招很多、诡计多端的一面，这一面在生活中非起作用不可。勇敢的小裁缝告诉我们他是怎么办到的：首先他一举打死了七只苍蝇，然后用最高明的心理运作重新解释了这个意外的幸运：一举打死七个——这一击打醒了他的自信。至于死的是七只苍蝇或是七个壮丁，弄清真相是别人的事；他认为自己的壮举和打死七个壮丁没差别，他对自己很满意，觉得自己是个英雄。

如果我们视勇敢的小裁缝是我们自己的一面：我们每个人都可能感觉自己某件事情做得特别出色，超出一切预期，如果这个感觉具有足够的说服力，那么我们的自信就会受到莫大的鼓舞，从此能以前所未有的勇气和希望，克服生活中的困境。当然我们往往也像小裁缝一样，为自大的理念所控制：我们高估自己，期待自己去完成力所不能及的事，因此"自大的理念"常常被视为有问题，被视为病征。五六岁的小孩常常深信："我什么都会。"这当然是一个典型的自大理念，它赋予小孩子勇气去面对世界。

自大的理念也表明我们有个理念，我们有希望，从而也有力量实现它。没有什么伟大的事业不是从自大的理念开始的。

接受我分析的男士，他父亲的一个同事说了一句话：这孩子将来会出人头地，由此强化了父子俩心中的自大的理念。这样的经验是很重要的，因为这让自信心一下子觉醒了。如果别人的远见——常常是父母的——是对的，那就已经为这孩子的幸福人生立下了基石；但是如果这远见是错的，只是个人的期待，而没有真正察觉小孩的个性和潜力，那么孩子就得承载严酷的苛求。

小裁缝现在一下子有了自信，他要别人佩服他、尊敬他，甚至畏惧他。这个童话的难题展开了：小裁缝买了果酱，可以养活自己，但他并不想就这样过日子，他现在想要的是权力。他的弱点必须得到补偿，而补偿只有通过别人的佩服与尊敬。这个开场一方面点出了一个自恋的问题，另一方面也强调了孩子发展过程中一个自大的理念较为明显的阶段。现在我们来看看与此有关的"狡猾心理学"（Psychologie des Listigen）。

就在小裁缝自信心醒来的那一刻，他想出去闯天下。他想让人知道他是谁。但是"出去闯天下"除了让人知道他是谁，同时也向个体自主的方向迈出了一步。这一步也是审慎思考过的，即使缝的针脚一个比一个大：出门前他还火速为自己缝了腰带，上面绣上他的壮举以昭告世人。腰带由于近似环状，所以是力量的象征，它联结着更大的整体，这个整体除了给佩戴腰带的人增添力量，也许也赋予他对一个团体或一种思想的归属感。这里的腰带联结了一个想法，一个自认是英雄的想法，主要表现在出击上；但是我们知道得更清楚：那种所谓的英勇是歪曲事实的欺人之谈。小裁缝有他神话学上的榜样：特尔（Thor）、齐格弗里德（Siegfried）与劳林（Laurin），他们都有神力腰带；只要系上腰带，他们就会有20个人的力气。

然后小裁缝带上他找到的东西：奶酪和小鸟，爬上山，他要往上走。山总是与向上、努力有关，除此之外，人只要到了山顶就可以俯瞰远眺了。到了山顶他遇到巨人并且与他攀谈，口气极大，目标极高，而且问巨人："有没有兴趣一块儿去？"他很乐意带巨人一起走。但巨人说："你这个小瘪三。"交谈中突出了他的问题："只是小裁缝"和"让人知道我的厉害"之间的不平衡；感觉自己是小瘪三，从而一定要证明自己不是小瘪三，这是一个巨大的自我要求。所以说，这里再一次显示了根本问题：巨大的自我要求和确

勇敢的小裁缝——与童话主人翁的认同

信自己是个小瘪三之间的矛盾；或者说是一个要求严格的父亲和一个一定要证明自己能力的小孩之间的问题。在心理内部层面，这当然是自大的理念与自我认知能力不足之间的矛盾。

在童话中两人马上展开了敌对的竞赛。从客观的层面来看，一个有自大理念的人一定也会这么做，而这个竞赛显示出小裁缝确实有其特别之处：他有自信、有想象力、有创造力，当然运气也很好，尤其是他不用巨人的手段。他非常清楚自己不是巨人，但他的潜台词是："我虽然不是巨人，但是你会的，我也会，只是我用的是自己的方式，而且甚至比你还厉害一点。"是的，他甚至要求别人认可他的成就更为出色。

我们身上的"小裁缝"在成名的道路上开始与每个人竞争，但不是以笨拙粗鲁的方式，而是用巧思和计谋。从主观的层面来看，现在是在与自己自大的理念角力：巨人决定程序，换句话说，自大的理念往往决定人生计划，然后我们就必须为此奋斗。小裁缝以他的方式完成了这个计划：他接受自大理念的挑战。对巨人而言，这比赛不过是赤裸裸的蛮力竞赛，他显得强壮而愚笨，而在别的情境中，包括在童话的第二部分，他则是情绪化的。[28]

神话中有火巨人和冰巨人，这意味着，他们与"巨大的情绪"有关，那些情绪通常就像他们本身一样庞大、愚蠢、粗鲁。我们也常用"巨"这个字眼表达很多超出常规的事物，比如"巨蠢"表示愚蠢无比。

这里我也把巨人当作自大理念的象征：自大的理念通常也很巨大、极愚蠢。尽管如此，我也并不想贬低自大的理念，它倾向于主导我们的生命计划，因此也会让我们过得更好或更差。

童话中的巨人非常死脑筋：只要他开始做什么事，就只会单线进行，因此他的行为很容易被算计，很容易被预测。相反地，小裁缝灵敏机智，能够变换角度进行思考，他能够给事情做新的解释，会使用各种花招对付头脑简单的巨人。小裁缝用的这些花招，我们一点也不陌生。以他"乘坐"橡树的场景为例，这正是典型的"踏板便车"（Trittbrettfahren）：某甲与某乙是对手，某甲让某乙拼了命去做事，然后在某乙已经快不行的时候，趁机掠取某乙的成果，然后还自负地说："怎么，你这就不行了？"这些花招我们要从正反两面来看：它们体现生活的艺术，但也很卑鄙。从神话学的角度来看，裁缝师和巨人背后是仙童（Göttliches Kind）和小妖精（Göttlicher Schelm）的神话。乱世里才会有仙童临世。当大地再也无法承受时，譬如就像印度的黑天神传说（Krishna-Legende）[29]中所描述的那样，就会有个仙童来到世上，他是永久新生的象征。这些仙童往往也是捣蛋鬼，但也是很普通的小孩，他们会耍很多花样，比如偷换牛群，或让牛群数目加倍，等等。这些仙童总是受到某个恶魔的威胁。我们当然很容易在神话中看到自己基本的受威胁感，它表现为极其无助的小孩。但这里也显示了小孩子心理内部的活动，他想走进生活，但总得对抗管得太多或管得太少的大人。

仙童当然有更广泛的意义：如果仙童是永久新生的象征，那他当然也是创造性的象征，代表一再变化的必要性和可能性。这是一个法则：只要发生创造性的跃进，当转变开始时，威胁这个转变的东西就已经存在了。如果产生了新的东西，老的就会再次面临对抗，这也是有意义的；新的必须经受考验，并且获得承认。这个动态过程在这个童话中也很明显。

小裁缝也一再被逼迫，总是受到挤兑：先是巨人，然后是国王，而最后我还要用我的诠释来质疑他的生活方式。我虽然喜欢他的花招、诡计以及他有创造力的一面，但是他必须证明给我看，用这样的态度真能过上幸福快乐的日子，并且能让女人们也乐在其中。他真的有办法证明吗？

小裁缝的诡计多端再次让人折服：坐在巨人头上，从中煽火，让两人自相残杀。这一招在家庭中也很常见：一个小孩捣蛋，便很快掀起父母争吵的话题，或者他故意说类似"爸爸说，你说"这样的话，然后夫妇俩往往就开始大吵起来，而小孩就真的是隔山观火战，就像坐在树上的小裁缝。

证　明

小裁缝如今在国王面前出名了，他有了忌妒者，别人对他又怕又恨。害怕/竞争的主题一再重复，现在不再是巨人、不再是他自大的理念决定比赛程序，而是国王。这意味着小裁缝已经有点伟大了。

虽然国王也可以代表小裁缝人格中的一面，但如果我们不这样看，而把他看成独立的人物，则现在的任务是来自外界。小裁缝以他自大的理念引起了别人的注意，现在他必须证明他说的是真的。但是国王的目的很清楚：他要消灭小裁缝。在一个权力系统里，接班人通常是不受欢迎的，他们必须证明自己更强大。

小裁缝既高明又残酷地解决巨人之后，又让独角兽卡在树干上：他很清楚，独角兽无法改变冲撞的方向。这里很明显可以看出诡计是如何作用的：我们只有在能揣测别人的想法、知道别人的弱点、知道别人下一步行动的时候，才可能正确无误地耍花招。小裁缝在这方面很厉害，独角兽只能乖乖就擒。

现在再来看看捕捉野猪的一幕：勇敢的小裁缝在前面跑，野猪在后面追，门关上，野猪被关在教堂里了。多简单、多高明、多机灵！小裁缝甘冒生命危险，但是，如果我必须治疗小裁缝，我一定会讲《学习如何害怕的人》的故事给他听。如此不畏死亡是有些奇特，即使是童话中的英雄也不该这么不怕死：小裁缝可以从那个童话中学到这个道理。虽然他的那些花招让人信服，但还是留下了不足。

小裁缝也只有一个行为模式，他只会耍花招、骗人，而这儿只有捕捉，他自己一语道中要害："我已经捉住那头母猪，同时还有国王的女儿。"对这句话可以有不同的理解；但是他抓到母猪也就抓住了公主咄咄逼人的想法，国王听了当然不高兴，而且我们不禁要问，他和公主怎么在一起过日子？爱情，那就根本不用说了。

现在我们再次回顾小裁缝的三个任务，然后扪心自问，杀死巨人以及捕捉那些动物是否真的有意义？巨人烧杀掳掠：他们象征了贪婪和毁灭的肆虐，而这贪婪也可以是小裁缝的贪婪。如果说现在国王派他去驯服贪婪，这本身不是件坏事。但在这里我希望修改剧情：小裁缝可以驯服贪婪，不一定要杀了它。

在独角兽的问题上，这一点似乎更重要：独角兽只存在于传说中，它通常被描述成白色的动物，譬如说头上有一个角的驴、犀牛、公牛或马。根据一个古老的传说，它是一头羚羊的儿子，它必须和一个名妓在圣婚之夜结合，[30] 好让天降雨，使大地肥沃多产。仙童的诞生也与这肥沃多产有关。根据后来的另一个传说，独角兽必须在处女怀中被驯服，驯服后得以完成自身的繁殖，降生仙童。那个独角兽蕴含着非凡的力量，传说中也暗示，这冲撞的力量可以是性方面的，也可以是精神方面的。也就是说现在我们面对的是穿透一切的力量，而且是在不同层面上的：换句话说，不再是原始的未经雕琢的巨型情绪，而是浓缩的、有一定指向的强烈情绪。所以我的疑问是：独角兽的角被卡在树干里就够了吗？这不是浪费力量吗？当然有人可能用象征来搪塞这个问题：树干有时也是万物之母的象征，但是我倒认为，这里它的攻击性——从广义上理解——还陷在母亲情结中，不足以真的产生什么有实益的或改变性的东西。这狂野、集中的冲动被捉住了，它现在在控制之下，再也没有用处了。

母猪的情况也一样：母猪、猪（Schwein）是多产的象征，因此与幸运有关，所以德文谚语"Schwein haben"是走运的意思。母猪在神话中是献给母亲之神得墨忒耳的祭牲，所以它当然也随着母亲之神一起被贬值了。母亲之神在父权时代靠边站之后，所有和母亲之神有关的动物，都被视为巫婆或恶魔的动物。随后，肉体和感官也在广义上被贬值、被妖魔化。我们完全可以从父权的思想和行动取代母权遗风的角度，来看待这则童话。当然人内心的那条猪，不一定视之为负面的。国王也可能是要小裁缝去驯服那冲动乱窜的性欲，那看起来极具攻击性的性欲，但是把猪关进教堂就够了吗？在一个神圣的地方，一个用以体验精神崇高的地方，现在母猪被关起来了。然而我相信，这绝不会产生任何成功的升华作用。这里同样不可能产生转变。

所以我认为，小裁缝虽然成功地逮住了一切，让自己身上所有的本能冲动都受到控制，但这并不会给他带来快乐，不会让他成长，只能给他带来权力。因此，虽然他娶了国王的女儿，但她也只想摆脱他，她是"被卖"给他的。而且她知道小裁缝不是他装出来的那个样子：他在梦中泄露了自己的秘密，这被他的妻子察觉；在梦中再次出现他的真实自我，只是个小裁缝。即使到了这时候，他还是继续耍花招。他的妻子不喜欢他，这是可以理解的。她找的理由是，她丈夫只是一个小裁缝。这里我们可以看到她是个多么典型的国王之女，名望和权力对她有多重要。然而在这个婚姻关系中，小裁缝没有任何优势可以弥补他的出身。他只知道让所有人畏惧他；只是想办法证明他比别人强，这绝非人际关系的稳固基础。

如果我们把国王的女儿视为小裁缝潜意识中女性的一面，也就是他的阿尼玛成分（Anima-Aspekt），那我们必须说，这个阿尼玛成分为"父亲情结"所禁锢，父亲情结表现为权力、占有欲、操控欲等，在这里占据绝对的支配地位。耍花招正是出于占有欲，但早晚必须用情义取代花招。在国王的王宫里，小裁缝最终得学习新的行为模式。

在治疗过程中的应用

分析对象说，从前他总认为小裁缝很棒，现在他同情巨人。我推想，这是否因为他现在变成了巨人。这个解释让他有所领悟：是的，他现在觉得自己是巨人，必须抵抗所有勇敢的小裁缝的攻击。这就是生活！然后他告诉我，他回避了多少攻击，他是如何制服别人的，通常很高明，但是有时候，就是别人直接在他身上撞得头破血流。

从外在的层面看，他长期认同于勇敢的小裁缝，而后自己也不知不觉地变成了巨人。据他说，他受到很多外界的压力；现在他既然有了成就，当然必须维持现状，再说一切本该多么完美，要不是这些女人……从心理内部的角度看，小裁缝和巨人之间的斗争是个强迫性问题。接受分析的这位男士确实有很多强迫性的焦虑，他总是害怕随时会有本能的冲动在他身上"爆发"，使他失去控制，因此他必须强制约束自己，他的睡眠障碍正是问题的表现。他必须竭尽全力才能维持自信，从而获得一点点安全感。我仔细审视了这个对他如此重要的童话，里面没有任何东西可以让我感觉到，他能获得真正的安宁，并且真正地信任别人。他自己说："您知道吗，其实我是个骗子。"

因为他不记得故事的结局，所以我问他对小裁缝和国王女儿的关系有何看法。他说，她是小裁缝赢来的。我要求他想象自己是国王的女儿。他说："身为国王的女儿，没人问我的意见，这真是个愚蠢的父亲，他一点也不关心我的幸福。我得偷偷逃跑才是。"然后他非常惊讶地说："我的妻子们全都是偷偷跑走的。"我问："逃到哪里去了？"我指的是他的妻子们，而他回答："到仙界，也许到霍乐大妈（Frau Holle）那里。她有面包……对，到霍乐大妈那里！"[31] 我问他如何想象霍乐大妈，他回答说："啊，她那里有绿草地、苹果、面包，是个乐园……是个安静可以休息的地方。"

重要的结果：在成功地设身处地进入国王女儿的角色之后，他突然理解了为什么他的妻子们会离开他。之后他非常急切地说到这事，并为这些女人，同时也为他自己潜意识中的女性成分找到一个治疗方法：她们必须到霍乐大妈那里去休息调养，霍乐大妈正是万物之母的化身。

有趣的是：当我想通过提问使他回到现实中来时，他却宁可停留在童话和幻想的层面。显然，在这个层面上，他觉得自在得多，这也是与童话打交道的一个方法，或者说可能性：对童话熟悉的人，受到童话的刺激，可以从某些童话题材中获得一种别处无法获得的心灵境界：在这里，就是这位男士一再想象投靠的霍乐大妈。临睡前他也常做这样的想象，这使他渐渐有了安全感。在想象中他让国王的女儿去霍乐大妈那里，他当然也跟着去了，也就是说，他终究也体验了一次什么是万物之母，什么是安全感，也过了一回不必战斗，只是舒适轻松地躺下，等待苹果成熟的瘾。

除此之外，在一定的时期，对勇敢的小裁缝着迷是件好事，他当然也问自己，为什么过了这个时期之后他依旧如此着迷。我们达成共识：在找到立足之地前，勇敢的小裁缝完全有理由耍花招，但是从到达王宫的那一刻起，他就必须采取新的生活态度和方式。拿这位接受分析的男士来说，就是当他事业成功之后，应该就要发展新的生活策略。

分析对象对童话《勇敢的小裁缝》如此着迷，其中也隐含着对调皮鬼的着迷，也就是对"仙童"的着迷，所以我觉得，重要的是弄清他在何处可以充当这个原型（Archetypus），换句话说，就是在哪些地方他可以发挥创造力。结果发现他在儿时很喜欢演戏，但演戏是注定要饿肚子的，因此他就放弃了。然而他对戏剧还是像从前一样着迷：他开始在余暇时演戏，他感到很充实。

如果一个人这么长时间充当他自己童话中的主角，那么我觉得有两点很重要：一方面让这个主角继续自我发展，比如像这里，通过引入霍乐大妈的领地就能做到这一点；另一方面也要自问，在这个重要的童话人物背后，究竟隐藏了什么样的个人基本需求，然后才能把这个需求整合到现实生活中。

虽然我用批判的眼光看小裁缝的诡计花招，但还是不得不承认：人需要诡计花招。诡计是必要的，这话意味着：承认自己的低下不足，但仍然迫切感觉到求生和有所成就的需求，而重要的是，要知道什么时候该用诡计，什么时候应该停止，因为诡计花招毕竟会导致暴力、权力欲以及孤立。在这时候，原本很好的生存策略也会被扭曲。

这个例子中有趣的是，这位接受分析的男士很长一段时间主要是通过童话语言的中介和我沟通，他的很多基本问题也是用这少数几个他知道的童话中的语言表达出来的。一直到治疗的最后，大约是在 70 个治疗小时之后，也就是大约一年半之后，他才开始直接谈及自己的问题，以及我们之间的治疗关系。

  他深信，只有运用"他的"语言，也就是童话语言，他才有可能开始接受治疗。他只有在幻想的中介地带才有安全感，这很可能和他与他父亲之间的特殊关系有关：在他父亲给他讲《勇敢的小裁缝》的那一刻，他感觉到安全、温暖、被接受以及有希望。

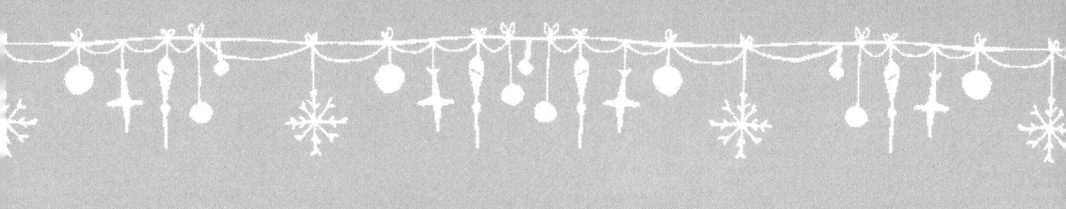

冰雪女王

——童年里最喜欢和最害怕的童话情节

通常我们对小时候的童话都记得不太完整，只记得其中的个别情节：那些我们特别喜欢的，或者特别害怕的，或者那些太奇特让我们忘不了，而一再地在我们的想象中出现的情节。不问童年最喜欢的童话，而是问还记得的童话情节，通常比较容易，而且比较有利。这些童话情节所触及的问题在童年时代具有重要的现实意义，而且作为根源，至今仍然具有重要的现实意义。在我们想起这些情节时，它们就触及了某个情结，而该情结正是某个现实问题或人生课题的表现。

我的意思是说，如果我们能说出眼前所有记得的童话情节，那么这些情节在目前对我们仍有相当特别的意义。其他情节留在记忆的暗处，但是在某些特殊情况下还是会被忆起。

可能的进行方式

搜集当事人自发记起的个别童话情节，他们必须根据记忆，尽可能详尽地描述这些情节，在与所用蓝本比较之后，看看遗漏了哪些元素，又有哪些元素是随着生活阅历新加进去的；然后在谈话中刻意回忆这些情节，并且推断它们的意义；接着是找出这些童话情节的关联：其间是否一再出现一个基本主题？对这个主题有没有多种不同的解决之道？这些童话是否表现了多种不同的主题？

也就是说，我们要把童话主题和人生主题联系起来，既要考虑童年体验，也要考虑这些主题现在的表现形式。

这样做的基本目的是学会更好地了解自己，同时知道在哪些情境中我们会有困难，以便更好地应付生活。因为如果知道自己的弱点在哪里以及如何与之周旋，我们就能善待自己，并且把生活过得更好；但如果想一劳永逸，一经改变，从此便毫无问题，那是妄想。

那些被提到的情节，有时可以在一个童话故事中找到，无论从治疗上说，还是从体验上说，这都比先前所说的前进了一大步。那这童话就不只是最喜欢的童话，而且也是具有现实意义的生活童话。我从不认为，一则童话故事可以是我们整个生活的生动形象的神话背景，而是认为，在不同的时期，我们会偏爱不同的童话或童话情节，正是从这种变迁中我们可以看到，在不同的时期，有不同的情结结构渗入了我们的体验，唤起了新的兴趣。

对于分析对象还记得的童话情节，另一种处理方式是，要他根据重要的童话情节撰写新的童话。此时我们可以很清楚地看到，在目前的情况下，他可以用什么办法处理他提到的问题；而且撰写童话本身就有治疗的价值。在撰写童话的时候，我们可以让自己的想象力自由驰骋，但又能将其纳入一定的形式，使我们的愿望和焦虑得以清晰成形，这远非日常交谈所能及。我们记下自己的想象，按照我们与其中人物认同程度的不同，这种想象离我们或远或近。撰写童话时，从头至尾要遵循普遍的童话结构：必须从一个危险的情境开始，然后发生神奇的转变，这转变不一定要符合现实的可能性，最后结局必须是好的。

规定结构的好处是，让我们可以放心大胆地任凭自己的想象自由流淌，比之没有章法的胡思乱想，焦虑可以更少，而这反过来又能使我们的想象更为自由，一方面觉得自己更有活力，另一方面可以把我们平常不轻易舒展的层面释放出来。撰写童话时，我觉得最重要的是，我们可以让自己自由自在地徜徉在可以实现神奇变幻的世界中，我们可以自由展望我们的乌托邦，看到我们对改变抱有希望的基本潜力。这也意味着，我们的自我意象、世界观以及对自己处境的认识，能够再一次开放；我们不再觉得拘束，而是觉得自己能够有所成就，而治疗效果也正是由此产生。回忆并处理童年时重要的童话情节，可以有助于诊断，因为那些始终在决定我们生活的基本主题，会明显地浮现出来。将这些情节与一个新的、自己撰写的童话结合起来，我们可以清楚地看到这些主题在我们的生命过程中是如何发展演变的，今后还可能如何发展演变，以及我们该如何应对这些基本主题。

个　案

一位 51 岁的女士前来接受治疗，因为她还想继续自我发展，进一步成为自己，她老是觉得在很多方面太受制于人。换句话说，她要的也就是：个性形成（Individuation）。

在治疗过程中，有一段时间她记不起她做的梦，我就直接问她小时候最喜欢的童话或童话情节。我之所以如此干预，是因为这位女士在生活中相当活跃，事情多得忙不完，当然常有焦头烂额的感觉，我需要找出对她具有现实意义的生活童话，以便通过媒介设置治疗重点。这个媒介能唤起记忆，激发创意，使记忆和期望透明化。

我们暂且叫她伊莎贝尔，她记得很多童话情节；显然她觉得进入童话世界很有趣。

我现在根据录音一字不漏地引用她口述的回忆。

> 如果有人问起最美丽的童话，我立刻就会想到安徒生的《冰雪女王》。
>
> 栩栩如生的一幕就在我面前：小小的凯在宏伟的冰宫里，我想象那是一座规模宏大、光彩夺目、上面有个圆顶的宫殿。华丽的地板是用各色各样的冰条或冰块镶成的——小小的凯孤零零地坐在豪华的大厅中央，神色呆滞，自己一个人玩。这时一个小女

孩千里迢迢经过千辛万苦，终于找到了他，用爱的泪水化解了他的僵硬。

只要想到这一幕：爱人的泪水终究胜过所有的豪华排场，不知为什么到今天我仍然会为之感动。

还有，小女孩为了找她的凯，满世界闯荡，历尽曲折，我觉得这也非常引人入胜——情节生动活泼，令人十分紧张，比如她曾在吉卜赛人那里落脚——但她最终仍然矢志不渝。另外，两个小孩比邻而居，屋顶几乎靠在一起，从这家到那家，在小小的阳台上，两人在窗前结伴嬉戏，我觉得这也是非常温馨亲切的画面。然后我看到了盛开的天竺葵，直到碎片掉进了凯的眼睛……安全感突然被撕裂。

同样地，还有《美人鱼》的故事我也记得很清楚，一个上半身是人，下半身是鱼尾巴的神秘形象，为了爱甘愿忍受身体上的剧痛，就这样一直到再也没有办法为止。

还有，我也记得很多典型的格林童话，虽然我已经不记得是谁说给我听的。

《白雪公主与七个小矮人》：那小小的桌子上放着小小的金盘子，桌前的小矮人正在猜测发生了什么事，想象一下这个情景，是件非常有趣的事。然后我很想学舌说："是谁偷吃了我小盘子里的东西？是谁偷喝了我小杯子里的东西？"

一小口的苹果能让人死掉，一直让我觉得很吃惊，而让我更吃惊的是，跌一跤后苹果从喉咙里掉出来，人就突然又复活了。

一个人竟然能那么美丽，死后躺在玻璃棺材里还能让王子爱上她，我觉得非常惊讶，而且有点遥不可及。邪恶的后母得到的惩罚让我害怕，让她在烧红的木炭上跳舞，我觉得很残忍，但也是她活该。奖励和处罚在我的童年一直都扮演着很重要的角色，因此这结局对我来说似乎是应该的。

《睡美人》：我总是想象那美丽的玫瑰花丛，满眼粉红色的玫瑰，多可爱的画面：厨师在厨房里正要打徒弟，突然原地僵硬静止，那打人的手也同时停在那里。

以前我们家有条箴言，显然是我父亲用来对付我的顶嘴和不听话的："如果你老是和你爸爸吵嘴或动手，坟地里就会长出一只手来抓你。"只要想到那个厨师要打徒弟的可笑画面，这句令人毛骨悚然的话就变得不再那么恐怖了。

接下来，王子越过荆棘丛生的灌木丛，进入了城堡，于是一切都原地复活，从原来停顿的地方继续运转下去。

这里我们可以看到，童话意象是怎样产生作用的。她父亲所提供的意象确实令人毛骨悚然，让孩子极为害怕。附带提一下，这一幕是来自《倔强的小孩》这个童话。孩子将这吓人的一幕置入一个童话意象的背景之中，她知道这个意象会有所改变，所以暗地里还是高兴。意象可以使令人害怕的传闻或印象消除一些恐怖色彩。

我突然想到《阿里巴巴与四十大盗》。我想我是后来自己读到这篇故事的，但是我不能肯定。我喜欢把那个大盗藏身并且存放金银财宝的地方想象成一个豪华、舒适、多彩缤纷、藏有全世界各种珍宝的洞穴，而且我想象，发誓结党、远离尘嚣以及秘密藏宝是件愉快的事。

我一直就希望有一天能拥有成千上万的宝藏，各式各样五彩缤纷的宝藏，一直到今天，我仍然很喜欢彩色地毯之类的东西。

在神仙故事中，有个瓶中仙的故事，我觉得最奇妙的是，那神仙还能再回到瓶子里去。从那么窄的瓶颈口迂回进出，他是怎么办到的？他怎么有办法变得那么小，然后又变得那么大？

精神现象的神奇和不可思议，在这里形象地表现为云雾一般的人物，变幻莫测，不可捉摸。我一直梦想在我遭遇困难的时候，能有这么个瓶中仙现身帮助我，譬如在考试的时候，他可以偷偷告诉我答案。

在我们搜集了这些童话情节之后，我要伊莎贝尔在我们进一步讨论每个情节之前，先根据对她而言最重要的童话情节写一篇童话。

刚开始伊莎贝尔认为自己没有那个能力；大部分的人刚开始都是这么想的，但这里的目的不是要写一个完美的童话，而是只要写出一个童话就行了。于是伊莎贝尔就写了起来，从中获得了很大的乐趣。我稍后会讨论这个童话。

讨论记得的情节 [32]

最先提及的是安徒生《冰雪女王》中的拯救情节；这个情节在眼下一定切合某个现实课题；然后伊莎贝尔又说到童话中其他两个情境。她用一句话总结了这个童话对她最主要的意义："爱人的泪水终究胜过所有的豪华排场。"由此触及基本主题："爱"相对于"豪华排场"，这个主题对儿时的伊莎贝尔就很重要，到现在仍然意义重大。因为她说她是自己读到这个童话的，于是我们就没有谈及她父母的生活哲学。但是，即使我们因为童年的童话，记起父母亲最喜欢的童话或最喜欢的话题，这也是很自然的事：众所皆知的，父母亲传给下一代的不只是他们最喜欢的故事，而且还有他们的生活主题。

现在我们来看一下《冰雪女王》这个童话故事，以便把其中流露的基本主题表现得更为清晰明确。出于这个目的，我对童话内容做了简短的概括，并稍做解释。

童话概述[33]

恶魔制造了一面魔镜，丑恶的事物被照到就会变大；美好的事物被照到就会消失。一群小鬼拿着镜子想飞到天上，那魔镜不断狞笑，小鬼终于抓不住，于是魔镜落地，碎成了亿万片，但是每一块飞溅的碎片都保有原来魔镜的特性。那些碎片飞进人眼，要是它们进入人心，人心就会变成石头。

葛达和凯是邻居，他们就住在山墙之间的阁楼里，玫瑰花圃连接两个紧邻的山墙，这是他们一起玩耍的小天地，直到有一天，有一小块魔镜的碎片飞进凯的眼睛，现在他到处都能挑出毛病，只有雪花，除了会融化，他找不出别的毛病。他在雪中玩耍的时候，冰雪女王把他诱拐走，她亲吻他，好让他的心更冷，不会想起任何人。

春天来了，葛达决定去寻找她的凯。她顺水漂流，来到一座美丽的花园，她告诉花园女主人她的故事，女主人于是让花园中所有的玫瑰枯萎，好让葛达不要想起凯。葛达无意中看到画中的玫瑰，就想起了凯，于是她又上路继续寻找凯。一只乌鸦告诉她，凯现在很有学问，住在一座王宫里。葛达心里想，凯原本就很博学。但王宫里的那个男孩并不是凯。公主非常同情葛达的遭遇，于是打点好一切，送葛达上路，但是因为豪华的行头，葛达马上就落到强盗手里，强盗头子正要杀葛达的时候，有个强盗的女儿救了葛达，因为她需要玩伴。

当那强盗的女儿听完了葛达的故事，她也决定帮助葛达到冰雪女王的城堡寻找凯，她让葛达坐上她的驯鹿出发。她在一个芬兰女人和一个拉普兰女人那儿歇了脚，她们都帮助她继续往前，经过千辛万苦，葛达终于来到冰雪女王的城堡。城堡中有一个巨大的冰宫，空荡荡的冰宫中央有一个结冰的湖，湖面裂成千块，每一块又都一模一样，那真的是艺术品。冰雪女王就坐在湖的中央，她说，她就坐在理智之镜里面，而这是全世界最好而无与伦比的镜子。凯也在旁边，冻得全身发紫，但是他没什么感觉，因为冰雪女王"已经把他的寒颤吻掉了"。凯正在把尖锐的冰块拼在一起，这是理智游戏，他觉得这游戏很重要，现在他正要拼"永恒"这个词，但是一直不成功。冰雪女王许诺，如果他拼成了，就还他自由并且把整个世界给他。

当葛达到城堡的时候，凯正一个人努力在拼"永恒"。葛达用祈祷赶走冰冷的风，她终于发现她的凯，他沉默、僵硬、冰冷。葛达忍不住开始哭泣，温暖的泪水渗入凯的心里，他的心解冻了；然后她唱起以前常唱的歌，这时凯也开始哭泣，哭得很伤心，那魔镜的碎片随着泪水流了出来。现在他问自己：这么久以来我到底在哪里？这里多么冷落，多么空寂。葛达的吻让他又有了生气。那些冰块也跟孩子们一起兴高采烈地跳舞。跳累之后，它们自己拼出了"永恒"。凯终于重获自由，他们高兴地踏上归途，路上又遇到那个强盗的女儿，她细细地打量了凯，她要知道葛达为他做的一切是否值得。回到家之后，葛达和凯都觉得自己长大了，而且再也分不开了。

安徒生在这个内容丰富的童话《冰雪女王》中，移植了著名童话《动物新郎》，尤其是其中女人历尽千辛万苦，终于把被施了法术的男人解救回来，并且赢回旧爱的情节。格林的《唱唱跳跳的小云雀》[34]就是一个以此为主题的著名童话。《动物新郎》讲的是男人与女人的互相拯救，根据这个典型，安徒生重新塑造了一个童话，比起传统口述的古老童话，它更接近我们的日常生活。就像原本童话中的女主角，葛达也是经过漫长艰辛的路途，但同时也积累了很多经验，百折不回，终于找到了她的凯。

童话的开头告诉我们为什么"安全感突然被撕裂"，就像伊莎贝尔说的。她已经不记得恶魔的镜子了，但还记得从安全到不安全的突变。显然这让她感到害怕。如果人突然只能看到丑恶的东西，只能看到不和谐，却又强烈渴望和谐与完美，那么安全感就会被撕裂。综观整个童话，凯的僵化也和理智有关，在"理智冰块游戏"中永远拼不出像"永恒"那样的词。永恒是一个词，也是一种体验，需要彼此相爱。

基本的主题可能可以这么说：安全感一再被眼中所见的不和谐撕裂，这是很残忍的。处理方式可以有两种：冰冷的"理智游戏"，多少有些冠冕堂皇；或者带着淌血的心，上路去寻找失落的东西。而伊莎贝尔特别重视解救的这一幕，表明她知道解救也是有可能的。

在寻找凯的过程中，强盗的女儿是个关键，她既粗暴又真诚，而伊莎贝尔却把她说成吉卜赛小女孩，也就降低了她的伤害性。强盗的女儿代表的是一个攻击姿态，缺乏教养，但是真诚热心，她也代表着人在生命中勇于攫取、勇于行动的一面，而葛达属于传统的童话女主角类型，为了找回爱人可以牺牲一切。强盗女儿的身上隐藏着过于温驯的伊莎贝尔的一个阴暗面，在这个为生活所排斥的阴暗面中，其实积聚着很多力量，是经验的宝藏。为了解救凯，伊莎贝尔需要强盗女儿的这一面，或者如她所说，是她非常熟悉的吉卜赛小女孩的这一面。人们一再试图以教养戒除她的这一面，而正是这一面，使她充满生命的乐趣。我们可以视凯/葛达这一对为个人心理内部问题的呈现：温暖的情感与冰冷的理智之间的对立，当然我们也可以视之为关系问题的表现：伊莎贝尔认为男人在理智游戏中迷失了自己，他们必须得到解救。解救的可行性几乎是理所当然的，但一想起《美人鱼》[35]，这信念就变得不那么绝对了。美人鱼爱上了她救起的王子，为了和王子在一起，她让她的尾巴变成人腿，虽然她知道，从此之后她的每一步都将伴随剧痛。如果她能赢得人的爱情，就会像人一样获得灵魂，从此免除痛苦。她并没有赢得王子的爱。如果她现在杀了王子，就可以回到海里她的家人身边，但是美人鱼不愿杀了她心爱的王子。

在美人鱼身上我们可以再次感觉到对爱情的渴望，以及为爱牺牲一切的决心，就像先前葛达一样；但是痛苦很可能会令人难以忍受，而且终究得不到对方的爱。美人鱼的结局是彻底地无家可归：她不能再回到海底她的家人那里，又不属于人类，最后空气的女儿们仁慈地收留了她。

无家可归的主题对伊莎贝尔很重要吗？伊莎贝尔是不是在内心上有一种无家可归的感觉？她是不是因此就愿意为找到一个家园付出一切？安全感突然"被撕裂"这个主题已经出现过，它属于过去的童年时代，或者至今仍然是这个女人的现实主题？我们提出了一些诸如此类的问题，并且涉及一些关联，但如果在这里讨论这些关联，那就离题太远了。这些记忆中的童话情节，让我们俩想到一些之前没想到的问题。

关于安全感这个主题：几年前，伊莎贝尔才开始拥有一个真正令人满意的亲密关系，这带给她很多安全感，但也使她感受到她对共生的需求，可划定界线保持距离往往又是必要的，这让她很难忍受。她觉得焦虑，虽然这焦虑正在变得越来越少，她害怕这通过爱情得到的安全感可能会被毁灭。她的危险可能在于：如果这安全感受到威胁，她会不顾一切抢救，即使她必须忍受很大的痛苦，甚至可能会毁了自己的生活。听起来像《美人鱼》的情节。

这个安全感的问题暗示着和母亲之间的问题？下一个被记起的童话情节可能提供线索。在《白雪公主》[36]的童话故事中，那母亲先是想要一个与众不同的孩子，之后又和女儿竞争，忌妒女儿，最后再也不能忍受自己不再是最漂亮的女人。为了活下去，白雪公主只好逃命，最初是在七个小矮人那里找到了安身之处……

伊莎贝尔记得白雪公主在七个小矮人那里落脚的场景，在这里她找到了一些安全感，但是我们知道母亲对她的诱惑也即将出现：母亲一再登场，引诱白雪公主变得更美丽，想以此毁了她。从象征的角度来理解，我们可以把母亲视为白雪公主内在的一面，受到母亲的影响，这一面一再要求她是"最美丽的"。正因为对自己过于苛求，我们才会像死亡般瘫痪。当然伊莎贝尔不记得这一幕，但它处于她所记得的情节的外围，所以必须加以考虑。

伊莎贝尔也找到了替代母亲房子的地方。她自己说，她一辈子都在寻找母亲的替身，而且每次都能找到，这说明她们的母女关系最初是非常不错的。就像白雪公主从七岁时才开始受到迫害，伊莎贝尔的母亲似乎也是到后来才和女儿产生竞争的，并且利用女儿作为自我价值的支柱。苛求的主题显而易见，到了今天，这个主题已经和自己的亲生母亲没有关系了，而是早已变成了自己的内在问题，是母亲情结的一部分。苛求本应带来安全感，但它却带来瘫痪，躺在棺材里的白雪公主象征的就是瘫痪、僵化。那种让伊莎贝尔觉得不可思议的爱，这次是一个王子的爱，又一次化解了僵化。所以说，男人与女人可以解开因为苛求所产生的僵化，爱能医治僵化。

对坏母亲的惩罚让伊莎贝尔害怕。她似乎曾经希望母亲受到惩罚，希望摆脱这个母亲，并因为这样的愿望产生了负罪感。带着这种负罪感，她很可能变成特别听话乖巧的女儿。如果伊莎贝尔现在仍然记得这个情节，那么必就和母亲本身有关，而且在象征意义上与母亲情结有关，与她自己身上的母性有关，她一再否认她的存在权利，这会导致她僵化。很明显，她的问题一方面绕着僵化转，一方面绕着爱情转。

说到僵化，下一个与此接合得天衣无缝的情节出自《睡美人》[37]，也就是所有人都保持当时姿态入睡的场景。伊莎贝尔说到在厨房僵化的厨师，不无幸灾乐祸之意。她自己也曾处在挨打的地位？这里表现的是对挨打的记忆以及愤慨。

《睡美人》童话开头讲的是一对国王夫妇没有孩子，也就是说无法生育，可以推测夫妻关系可能有问题。因为国王"忘了"请第十三位魔女，她非常生气，于是对公主下了诅咒：她会在15岁生日那天死去。第十二位魔女使诅咒有所缓解：公主和整个王宫只会沉睡一百年。黑暗的魔力没有受到重视，丈夫和妻子都不重视，结果遭到了报应。在童话中，父亲处于重要地位，他想保护女儿不受预言和命运的摆布，这个他当然办不到。

这对伊莎贝尔或许也有重要意义，这和她先前所叙述的与父亲的经验有关？也就是说，僵化可能不只是由母亲以及与母亲密切相关的母亲情结的过度要求造成的，父亲也通过严格的教养，致使她的生活僵化。现在越来越明显，强盗女儿其实是伊莎贝尔人格中的一面，这一面对抗父母所要求的僵化，尽管他们的要求可能出于不同的理由。

伊莎贝尔马上又想到了荆棘篱笆的变化。拯救是有可能的：一个坠入情网的王子可以战胜僵化，尽管如此，第十三位魔女的诅咒无法逾越,王子的拯救也抹杀不了这一点,这荆棘篱笆是道坚固的封锁线,防止人们在一百年还没过去的时候提前进入。

接着,伊莎贝尔想到了完全不同类型的童话故事:《一千零一夜》中的《阿里巴巴与四十大盗》[38],而且是阿里巴巴找到强盗宝藏非常高兴的这一幕。

> 阿里巴巴看到门开了,他走了进去;他才一跨过门槛,背后的门就关起来了。当他想到"芝麻开门"几个字的时候,向他袭来的恐惧和震惊渐渐平息;因为他对自己说:"门关上了也不关我的事,我知道这个秘密,我可以让门再次打开!"现在他又继续往前走,他原本以为山洞里一定很暗,但他看到的却是一个宽敞明亮的大理石大厅,所以大吃一惊,大厅中装饰着华丽高耸的巨柱,并且堆放着各式各样令人垂涎欲滴的珍肴及饮料。从这里,他继续往前走进第二座大厅,这个比第一个更大更宽敞;在这里面,他看到了各种饰有稀世珍宝的贵重物品,光华灿烂,令人目不暇接,没有人能形容那夺目耀眼之美。那里堆满了纯金的金条,以及各种精美的银器;成堆的各国钱币多如沙子数也数不清。他在这神奇的大厅里四面环顾,过了一会儿,他面前又有另一扇门打开了,于是他走进第三座大厅,它比第二座更宏伟壮丽,这里塞满了来自世界各国各地的华丽服装,衣料都是珍贵细致的棉布以及世界上最好的丝绸锦缎;是的,这里没有你找不到的上好布料:它们来自叙利亚的低地,来自非洲最偏远的地区,来自中国和印度河谷,来自努比亚以及东南亚。然后他走进堆满宝石的大厅,这是所有大厅中最大最富丽的一座;珍珠宝石数不胜数,红宝石、祖母绿、绿松石和黄玉比比皆是,珍珠堆得像山一样高,玛瑙珊瑚挤挤挨挨。最后他走进了香料和燃香的大厅,

这是最后一座大厅,这里可以找到各式各样的名贵香料,空气中充满了百合木、麝香的香味;龙涎香和麝猫香气味独特;大厅中弥漫着玫瑰香水和各种混合香水的气味;乳香、番红花的味道令人心旷神怡;檀香满地都是,就像用来烧火的木柴、芳香的树根被扔在一旁,就像被丢弃的干柴。这些数不清的宝藏使阿里巴巴眼花缭乱、头晕目眩,他的理智不知所措,他站在那里愣了好一会儿,整个人完全陶醉其中……

偷偷搜集各式各样大大小小的宝藏,尽情享受这世上各种美丽的事物,这表现了生活的无限丰裕和多姿多彩,这就是此处表达的主题。

从前有藏宝的山洞,现在还有吗?很有趣,伊莎贝尔竟然就记得这一幕。而故事接下来是阿里巴巴自己也从山洞里偷了宝藏,依靠聪明机灵的女仆的帮助,一次又一次智胜了那些强盗,最后才算是成了宝藏的合法拥有者。很明显,是那些必须躲开阳光的黑暗人物搜集了宝藏,再次借用心理学的表达方式来说,那是阴影的财富。伊莎贝尔还一直很欣赏这一幕;像阿里巴巴一样智取强盗,把那些财富带到现实生活中,这种尝试还不是我们的主要话题。

我们的话题是:宝藏,发现宝藏以及与人结党的快乐,而且这些同党同心协力,生死与共。还不能认定那些强盗是罪人,现在还意识不到这一点。

这个童话引入了一个新的主题,纵使在先前我们就已经瞥见其端倪:强盗所敛财物的诱惑力;先前我们已经看到强盗的女儿。强盗般的一面,也就是攻击性和攫取性的一面。这里我们可以看到各种不同的攻击形式:首先是强盗般掠夺性的形式,热衷于敛财;其次是恒心以及不达目的誓不罢休的精神(意向性),这是我们在葛达身上看到的；最后就是僵化作为受压抑的攻击性的形式（《白雪公主》《睡美人》）。

伊莎贝尔记得的最后一个童话故事是《瓶中仙》[39]。

> 有一个樵夫想让儿子读书，但是有一天钱没了。他的儿子必须回家帮忙砍柴。在工作到一半休息的时候，他发现了一个瓶子，瓶子里坐着一个神灵。他请求说："让我出来。"樵夫的儿子打开瓶子，那神灵变得很大，非常傲慢地说，他是伟大的医药之神墨丘利（Mercurius），他一定要杀死樵夫的儿子。樵夫的儿子机灵镇静地回答，他必须先知道，他到底是不是真的墨丘利。如果他先前能坐在瓶子里，现在肯定也能再回到瓶子里。这对神灵来说太简单了，于是他照办。樵夫的儿子立刻把瓶口堵上。"让我出来"，那神灵再次大叫，这次他苦苦哀求并且答应给樵夫的儿子巨大的财富。樵夫的儿子冒险再次把他放出来。于是神灵给了樵夫的儿子一块布。如果他用布的一端替人擦拭伤口，伤口马上就会痊愈；如果他用布的另一端擦拭铁，铁就会变成银。樵夫的儿子试了那块布，神灵说的果然没错。最后他成了全世界最有名的大夫。

伊莎贝尔已经不记得故事的结尾，但是她现在成了医生，而且这个童话有很多地方符合伊莎贝尔的生平经历：譬如说，为了赚学费她也劈过柴。在伊莎贝尔的记忆中，最吸引她的是极为不可思议的情节，当然还有神灵的诡异，即使她最初只是希望在考试的时候有神灵帮忙。

值得注意的是，最后两个童话和先前的童话类型不一样，它们给她的人格意象添加了很多色彩：秘密的财富以及暗中的助手。这里我们可以看出，她对多姿多彩的生活财富以及诡异的神灵非常着迷。

回忆这些情节，并且寻找主题之间的关联，对伊莎贝尔究竟有着什么样的意义？

那面魔镜伊莎贝尔已经不记得了，它让人只看到缺点，这让她首先想到她的父亲：他的眼中只看到不完美、错误，还有瑕疵，因此他对每个人都有所挑剔，最后自己变成了孤家寡人。伊莎贝尔认为，她更愿意采取与父亲相反的生活态度：她能看到好的一面，却总是摆脱不了完美主义理念。然后我们发现，她会用父亲的眼光看自己，或者由于受到魔镜的伤害——它能扭曲一切，让人只看到丑恶的一面——突然间她会只看到自己所有的缺点，消极看待自己的一切，而且真的会冷面无情地批判自己。但是，她自己认为，毕竟还有温暖的"葛达成分"不时地将她和爱和生命联结在一起。伊莎贝尔很清楚，葛达和凯都是她自己的一面。

这种对自我的消极看法，使她的爱情关系表现出很特别的动态：在她贬低自我价值的时候，她的伴侣本该想尽办法提高她的价值感，同时修复她的自我瓦解，好让气氛变好。但问题是他觉得自己也随之被贬值了，他爱的是一个这么没价值的人——他只好保持距离，遁入理智的游戏中，这时她察觉到的就是被撕裂的安全感。魔镜在她眼中产生的作用，她很晚才看到。如果她内心中葛达的这一面被唤起，她就很容易从僵化中走出来。

以丰裕财富以及对世界神奇事物的渴望来解释阿里巴巴这一幕，使伊莎贝尔对她自己物质欲望的这一面有了些许宽容。这一面当然与其占有欲关系很大，但如果说在这背后也可以看见对美丽事物的渴望，就伊莎贝尔的情况而言，也是事实。现在剩下要考虑的是，结伙的强盗是否真的代表着非法占有欲。伊莎贝尔对于各种感官印象、对于美具有特别敏锐的感知力，而且也真的能够从中获得享受，可以想象，她觉得这些享受是"非法"的，可能因为她的母亲没有，或者是她的母亲情结变了色，既激励她必须拥有一切，但又什么都不许她拥有。对秘密宝藏的暗自喜悦，表明母亲情结的作用正在减弱。

对伊莎贝尔来说，令她最惊讶的是，她不记得冰雪女王要的是"永恒"这个词。这个词对她来说就像生命之谜的谜底。她在超验和生命奥秘的范畴中看见了永恒，她明白永恒这个尺度对她有多重要，而且只有在爱的经验中才能体会永恒。她把永恒时刻的体验称为自由，"我们必须与冰雪女王、与将一切化为冰冻的生活抗争，顽强奋战，才能赢得自由，不，我们必须以爱博得自由"。

自己的童话

原本我想从古老的童话宝藏中找出一个现成的对她的生活具有现实意义的童话，但我很快就发现，很多伊莎贝尔记得的情节，在《唱唱跳跳的小云雀》这类童话中都有所反映，但其中还有些非常重要的情节并没有得到考虑。于是我打消了这个念头，转而请伊莎贝尔在我们讨论各个童话情节之前，根据一些最重要的童话主题，自己撰写一则童话故事。以下是她写的童话。

神奇的泪水

在中古一个小小的城市中住着两个小孩，那是伊莎贝尔和凯。他们住在同一条街，在古老的小城里巷道都很窄，房屋栉比，总之，房屋顶楼的阳台几乎连在一起，因此两个小孩能在阳台上一同玩耍，谈天说笑。

那是一个晴朗的夏日，阳台上开满鲜艳的花朵，两个孩子在阳台上玩得很高兴，他们还不必上学，无须承担任何义务，正享受着美丽的夏日。突然凯大叫起来："啊！有什么东西刺进我的眼睛里，哪来的碎片？伊莎贝尔帮我看看有什么东西在眼睛里，我的眼睛好痛，几乎什么也看不见了。"伊莎贝尔查看凯的眼睛，但什么也没发现，哪有什么碎片，伊莎贝尔当然看不见，因为那是一片很小的碎冰。两个孩子哪里会知道，那一小片碎冰入眼是看不见的。

凯眼睛的疼痛慢慢地消去，而伊莎贝尔还是没发现凯眼睛里有任何异样，凯越来越生气，他骂伊莎贝尔是不是太笨才什么也看不到。他神情骤变，转身回家。伊莎贝尔哭了，她真的没看到什么碎片，为什么凯这么生气？为什么他就这样走了？凯从来不是这样的。

接下来几天，伊莎贝尔还是在老时间去阳台上呼唤凯，但凯就是不出来，虽然外面是晴天丽日的夏季。伊莎贝尔不知道凯到底到哪里去了。有一天，她终于离家出走，穿过窄巷，告别小城，她要去寻找凯。她到处打听；问人、问动物、问花草："你们有没有看到我的凯？"她在田野间流连、徘徊，惊叹世界的广袤，忘记了自己的孤单寂寞。她不停地问："你们有没有看到我的凯？"但是没人看见他。伊莎贝尔只好继续往前，虽然她也不知道该去哪儿，她越来越害怕，越来越觉得孤单，这时她突然走到吉卜赛人的营地。她瞪大眼睛看到许多穿着花花绿绿衣裳的人，其中还有好多小孩子，他们围着一堆很大的篝火忙个不停，显然是在准备晚餐。她闻到扑鼻的烤肉香，觉得肚子饿了，她很高兴她不再是孤单一人，她加入了纷乱的人群，孩子们把她当成新伙伴，高兴地招呼她，没有人问她何去何从，她甚至忘了问：

"你们有没有看到我的凯？"

她很自然地被这个大团体接受了，这里有这么多孩子，再多一个也没人会注意。天黑转凉之后，她和其他人进入了一个很大的岩洞，那是吉卜赛人睡觉的地方。火把和油灯从各个角落发散出神秘的光芒，贵重的古铜和银制灯台闪闪发亮，岩壁上挂着五颜六色的壁毯，一切都显得奇异而神秘。

伊莎贝尔觉得很舒适，她也和其他人一起躺下来睡觉。第二天醒来时，她已经完全忘了她要寻找她的凯——她完全被周遭的神秘美丽所吸引，琳琅的财宝让她叹为观止，她觉得很安全，于是留了下来，跟着吉卜赛人萍踪浪迹，走遍了世界各地。伊莎贝尔看遍了异域风景，美丽的森林，一望无际的大海。她很高兴能认识这美丽的世界，而且每次回到岩洞她都很兴奋，因为她总能发现新的宝物，那是吉卜赛人外出流浪带回来的，宝库总能得到源源不断地补充。

她就这样慢慢长大，出落成了一个年轻漂亮的大姑娘。偶尔，黄昏时分，她坐在洞口看着夕阳西下，心中会涌起淡淡的惆怅——她也不知道为什么。有时候她感觉到有什么她必须想起的事，但是她想不起来。这时候其他年轻人也会过来，他们开始跳舞，于是她又忘记了。

在一个美丽的傍晚，吉卜赛人接待了一群神秘的客人，一群来自远方的黑皮肤的人，他们请求借宿。款待寒暄过后，那些人开始表演各种把戏，大大小小的魔术让吉卜赛人非常惊讶，因为他们也会变魔术耍一些把戏，否则他们怎么能从世界各地弄来这么多宝贝，却没被抓到。但是现在他们看到的，完全是他们从没见过的。

那一群人中有一个显然是头头，他是个特别棒的魔术师。所有的节目都表演完后,他说他要给大家看一样非常特别的东西。他从行李中拿出一个大肚瓶,瓶颈很窄,瓶口塞着一个贵重瓶塞。然后他说:"这瓶子里有个神灵,他会听我的话。我作个法就能把他召唤来,他能从瓶子里出来,如果我继续作法,让他心情愉快,他就会完成我的每个心愿——但是他不能给我带来物质上的财富,譬如金银珠宝之类的东西。"没人相信他的话,于是他当场演示。

他一边念着些没人听得懂的神秘咒语,做着神秘的手势,一边打开瓶塞,开始只是从瓶口冒出一缕轻烟,然后它慢慢散开,慢慢扩大,最后变成一个若隐若现的巨人。魔术师继续作法,然后说:"神灵,在这人群中你看到什么我们看不到的,你能告诉我们什么特别的事?"神灵来回晃悠了许久,然后用低沉的声音大声说:"在你们当中有个女孩,她从很遥远的地方来到这里,没人知道她从哪儿来,但她必须再次远行,也没人知道她该去哪儿,她将自己找到她的路,到了沿路最近的大城市,她将上学学习一切必需的知识,以便将来有一天她也能够作法,对我发号施令。"还没等大家从震惊中反应过来,四面寻找神灵所说的女孩,巨人已经又浓缩成一股轻烟,钻回瓶子不见了,魔术师又把瓶塞塞了回去。

突然,所有人都明白了那个远来并且还将远行的女孩是谁,此时他们也已经拿她当外人了,觉得她不完全属于他们。但是他们非常关心她,为了让她第二天能够启程,他们连夜为她准备出远门必需的一切。于是,吉卜赛人的营地里熙熙攘攘,一直热闹到深夜。

只有一个人很伤心,没有帮忙准备行装。一个其貌不扬的吉卜赛男孩,眼睛是乌黑的,他看着别人忙忙碌碌,尤其注意女孩的一举一动。后来，大家都去休息了，她也正想去休息，他走到她身边，悄悄地轻声祝福她一路平安。他的眼睛里含着泪水。女孩突然觉得，以前的玩伴对她有种不可思议的吸引力，她握着他的手，安慰他，告诉他，她还会再回来的，并且亲吻他。就在男孩热烈亲吻她的这一刻，她突然像从梦中惊醒一般，想起了凯。她内心的眼睛看见了凯，他正坐在一座宏伟富丽的冰宫里，周围通明透亮，在紧绷的大圆顶下，他孤零零地呆坐着，完全陷入了沉思，好像专心致志地在玩地板上的冰花图案。于是伊莎贝尔知道她该往何处去了。她必须寻找凯，解救凯。这就是她想不起来的事；这就是她心中隐隐作痛的原因。

她又摸了摸那男孩的头发，然后背起已准备就绪的行囊，当夜就离开了吉卜赛人的营地。她突然明白，凯是被冰雪女王用一小片碎冰施了魔法，而且只有她才能解救他。她不断地往前走，日复一日，终于来到一个大城市，找到了那个学堂，照着神灵的话，她进了学堂，学会了所有在那儿能学到的东西，因为她知道，要走的路很长，她用得着那些知识，否则她永远到不了目的地。但是现在她再也不会忘记凯了，而且她知道自己为什么悲伤，她的眼前不时地浮现出凯在冰宫大厅里的景象。

终于，她在学堂里再也没什么可学了，而且坚信自己已经可以在需要的时候作法招神了，于是她继续上路。她再也不需要问"你们有没有看到我的凯"，因为她自己认识路了。有一天，她突然来到冰雪女王豪华气派的城堡前，城堡里有上千的塔楼，装饰得闪亮耀眼，她作法请神灵给她指明走出冰雪迷宫的道路。神灵果然指了路，虽然他并没有现身。她穿过大大小小的厅，最后到了中央的圆顶大厅，终于看见了凯，他现在已经是个翩翩美少年，一个人坐在大厅中央沉思，就像她在意念中常常看到的那样。

她一认出他就迫不及待地冲上去拥抱他，亲吻他，但他无动于衷，而且似乎根本就不认得她，这让她伤心欲绝，热泪盈盈，她把他搂在怀里，声声呼唤着："凯，凯，我是你的伊莎贝尔呀！"热泪不仅流过她的脸，而且也流到了凯的脸上，甚至流入他眼中溶化了碎冰片，他又能看见真实的东西了，他立刻认出伊莎贝尔，同时感觉到自己对她的爱，他拥抱她，吻她，然后他们手牵着手走出了冰宫。由于两人的真心相爱，冰雪女王的魔法再也奈何不得他们了。

　　很显然，整则童话的铺设，是以拯救被施了魔法的爱人为目标，从个人心理内部的角度来看，可以视为对自身僵化的男性特质的拯救。而伊莎贝尔所描写的这一条拯救之路，是一个心理发展历程，对于所有处境大致相似的人，这个历程是普遍有效的。

　　危险来自冰雪女王，确切地说，是来自于她的魔法，亦即来自冰冷、非凡完美的一面。伊莎贝尔认为，人只要相爱，这一面就不会对人有所伤害，否则人很可能会被这一面完全操纵。作为一个统治者，亦即支配的准则，冰雪女王看重理智／冰冷游戏，她要求完美，无瑕疵，冷静，无情绪变化。伊莎贝尔对冰雪女王的着迷也许是源自父亲的言传身教，他总是试图驯服伊莎贝尔的野性和情绪。冰雪女王也可以代表某些倾向，其宗旨是要让生活非情绪化，误以为这样就能把一切打理得井井有条。说到冰雪女王，难免就会想起魔镜，虽然伊莎贝尔只在故事的开始轻轻带过，魔镜会让人只看到不和谐。用完美主义的眼光来看待所谓的不完美的东西，并加以公开的鞭挞，这也是对完美主义着迷的一种表现。在伊莎贝尔的生活中，父亲在这方面的表现尤为显著。所以她的一个阿尼姆斯形象，也就是她童话中的凯，中了冰雪女王的魔力僵化了。

童话的阶段划分正反映了伊莎贝尔生活经历的阶段划分，这并非她刻意所为，而是在写作过程中自然而然形成的。滞留吉卜赛营地的阶段，她看作她自己在青少年社团中那个身心愉快的时期，在那里发誓结盟，她体会到了安全感。她把碰到神灵的这一段看作她的求学时期，那时的期望是弄清精神到底是怎么回事，并且这也是她对知识着迷的时期。接下来是建立各种人际关系的阶段。伊莎贝尔描写了一个受制于父亲情结的女儿的生活道路，她首先必须深入研究精神的本质，然后才能建立一个固定关系。

让我们来仔细看看这条道路：伊莎贝尔在童话的开头，描写的是分离以及分离的痛苦。眼前最要紧的是解救，解救成功当然也就意味着重聚，这是她最后的目标。

要解救凯，她首先必须留在吉卜赛人那里，成为吉卜赛孩子中的一员，也就是说，她性格中像孩子的一面，像吉卜赛人的一面，或者说像强盗有掠夺性的一面，必须获得生命力。在这里，她再次找到她在自己家里得不到的安全感和归属感。在这里，她不仅能够体验到自己的阴暗面中蕴藏着哪些财富和生命中理所当然的东西，而且，对于她来说，这个大家庭就是社会母亲的怀抱，她在这里整合了阴暗面，得以继续成长。

此处的滞留是个过渡阶段。心中隐隐作痛，说明她还有未完的心愿。现在神灵取代典型父亲的作用，告诉她今后的路该怎么走。他为分离拉开了序幕，很显然时候到了。团体再次给了伊莎贝尔如母亲般的扶持和关怀，现在她可以上路了。现在是她深入研究精神本质的阶段，根据那惊人的预言，有朝一日她能对神灵发号施令。预言已经注定了她的成功。

在她奔赴精神殿堂之前，与吉卜赛少年之间的情谊让她想起她要去解救凯。眼前的爱给了她原始的安全感，她学会了如何处理。

利用神仙似乎非常简单，以至我不得不问自己，她是不是需要在适当的时候再次滞留精神领域，以便探知其中更多的奥秘。但是她所学到的东西眼下已经足够应付了。她毫不费力地找到了凯，为他悲伤，而且有能力表现悲伤，真情的流露解除了邪恶的魔法。

伊莎贝尔把她目前的生活状态写进了童话中？一再地害怕僵化，害怕理智游戏，害怕看到丑恶、看到失去活力，害怕会依赖一个有感觉、有同理心、不断追击僵化的人？我们把伊莎贝尔和凯视为她人格中的两个特征，它们成双成对，所以，如果它们同时出现，就会唤起爱、美满、幸福生活的感觉，然而很明显，个人心理内部的这一对特征始终有分离的危险。对于伊莎贝尔而言，伊莎贝尔这一面显然更容易把握，处于这个地位，她始终可以去追寻凯，虽然痛苦在所难免。

《白雪公主》《睡美人》《美人鱼》中的情节都没有出现。这些主题很可能是童年时代的主题，可以解释现存问题的根源，但已经不再决定眼下的生活。现在，也就是伊莎贝尔写童话的时候，她所认同的是她童话中坚定而又深情的伊莎贝尔。

关于童话写作的意义

伊莎贝尔很高兴，也很自豪她能写童话，她觉得好像得到了一个"瓶中小精灵"。

通过这个童话，她不仅觉察到生活中的问题，而且领略了生活中的财富及其赋予我们两个人的丰富力量。对于她来说，这是一次很重要的经历。她觉得，对于生活中的课题以及过去的岁月留下的后果，她并不是只能听之任之或被动招架，而是可以主动出击。

这是那些写下自己童话的人共有的体会，当然，先决条件是不能把标准定得太高。我们常常看到，自创的童话可以将生活中的难题纳入其中，并找到应对的策略。很多人自己写过童话之后，才第一次知道自己身上潜藏着多少创造的能力，以及改变生活的能力。

在治疗过程中，研究童年时的童话情节，并以此为基础自创具有现实意义的生活童话，这样确实能集中反映问题，这正是我所期望的。以此为契机，我又问了几个与伊莎贝尔的生平经历有关的问题，这些问题我们以前从未以这种方式提及。

通过这些工作，治疗强度得以提高。伊莎贝尔自己能写童话，她觉得这是她得到的一个礼物。显然，这个童话也是给我的礼物。她也能给我一些东西，这让她感觉非常好。当我问她，是否能将她的个案用作我的教学和论著的材料时，这更加强了她的自信。她的材料由此获得了新的意义，而且正是她自认较弱、较没有意义的方面的价值大为提高。她已经习惯工作上的成就，却从来不知道她的童话能讨人喜欢，这让她十分高兴。

爱人罗兰德

——童话在团体中的应用

在团体中处理童话，是一种以"客体"（Objekt）为媒介的团体咨询形式，参加者不必直接谈论自己，但还是在谈论自己，他们向别人诉说自己的童话意象，不必直接说到自己，但仍然可以反映自己的问题。显然，童话在这里是一个多功能、多层次的媒介。

对于心理历程可能的发展方向，童话可以提供建议，但又并不直接要求将此建议付诸实施。童话的整个故事或其中的部分情节提供了一面镜子，让我们照着镜子思考自我，加深自我认识，并激励我们改变生活中的某些状况。从童话的镜子中，我们可以看到自己的问题，又不伤及自恋；可以把自己的问题投射到童话情节中，然后加以处理；童话情节可以引动我们正面谈论自己的生活；有时候，童话情节还可以激发我们的意象，同时，原始情节本身却淡出了我们的视线。提供很多自由发挥的空间，这是童话治疗的固有优势，并不仅仅表现在团体咨询中。[40]

对于自己的梦，我们往往觉得负有责任，与梦相比，童话在情感上更远离我们的自身经验，但又不至于远得让我们无动于衷。就此而言，童话治疗处于情感的自由空间，能激发创造力的发展。

为了配合一个以"焦虑"（Angst）为主题的会议，我曾经组织团体研习童话，现在我就详述这个例子。这个团体总共聚会五次，每次三小时。根据活动的主题，我选了一则童话，它的主题是：赢得焦虑的勇气，可以将危机转化为新生。如果把一个特定主题的童话放到团体中进行处理，那就意味着，一个特定的问题随着童话进入了团体，并且我们深信，这个问题一定能够得到解决。

童话概述[41]

从前有一个女人，她是个真正的巫婆，她有两个女儿，一个是她的亲生女儿，长得丑，心地又坏；另一个是丈夫前妻的女儿，长得漂亮，心地又善良。但是巫婆只疼爱自己的女儿，讨厌继女。美丽的女儿有一件漂亮的围裙，丑女儿十分忌妒，于是她跑去告诉母亲："那件围裙应该是我的。""嘘！乖女儿，别急！"继母说，"那件围裙本来就该是你的，你姐姐早该死了。今天晚上等她睡着了，我就来砍下她的头，记住，你要睡里面，让她睡外面。"好女儿要不是刚好站在墙角，听到了这一切，那她就完了。睡觉的时间到了，她让坏妹妹先上床，坏妹妹如愿睡到里头，但是等她睡着之后，姐姐把她推到床边，然后自己躺在床的里面。深夜，继母来了，她右手拿着一把斧头，偷偷溜进房间，她先用左手摸摸床边，确定是不是有人躺在那儿，然后两手举起斧头，一砍，砍下了亲生女儿的头。

等继母走了之后，姐姐从床上爬出来，赶紧跑去找她的爱人罗兰德，敲他的门，他开了门，她对他说："听着，亲爱的罗兰德，我们必须逃走，继母要杀我，但是错杀了自己的女儿。天一亮，她就会发现真相，我们就没救了。"罗兰德回答："我们必须偷走她的魔棒，这样她追杀我们的时候，我们才有救。"于是姐姐偷了魔棒，并且拿起妹妹被砍下的头，滴了三滴血在地上：一滴滴在床前；一滴滴在厨房；一滴滴在楼梯。然后他们就一起急忙逃走了。

第二天早上巫婆醒来，叫唤她的女儿，要把围裙给她，但是一直不见她的人影。她大声叫着："女儿，你在哪里？""唉，在楼梯上，我正在打扫！"第一滴血回答道。巫婆走出来一看，楼梯上没人，于是她又喊："你到底在哪里？""唉，在厨房，我在火堆旁取暖！"第二滴血回答道。巫婆走到厨房，还是没有看到半个人影。这时她又叫了一次："你在哪里？""啊！在床上，我在睡觉。"第三滴血说。巫婆走到房间里一看，她看到了什么？

她看到自己的孩子躺在血泊中,她竟把自己女儿的头砍了下来。

她气疯了,跑到窗边一看,因为她可以看到千里之远,所以继女和爱人罗兰德逃跑的行踪躲不过她的眼睛。"你们跑得再远,"她大声喊,"也逃不出我的手掌心。"然后她穿上千里靴,才走了几步就赶上他们了。女孩知道继母在后追赶他们,拿起魔棒把罗兰德变成了一个湖,把自己变成一只野鸭,游在湖中央。巫婆在湖边想尽办法要把那只野鸭诱到湖岸,她向湖里扔了许多面包屑,但那只野鸭不为所动。最后天黑了,她无功而返。她走了之后,女孩和罗兰德马上又变回了人形,趁着黑夜继续逃,一直到了天快亮的时候,女孩把自己变成一朵长在荆棘灌木丛中的美丽花朵,她的爱人罗兰德则变成一个小提琴手。不久,巫婆来了,她对小提琴手说:"这位乐师,我可以摘下那朵美丽的花吗?""当然可以,"他回答说,"我还可以为您伴奏呢!"于是她急急忙忙爬上荆棘灌木丛,要采那朵花,她当然知道那朵花是谁,就在这时,小提琴手开始演奏,不管巫婆愿不愿意,她都得随着音乐跳舞,因为这是一种魔舞。罗兰德拼命地拉,越拉越快,巫婆只好跟着乐曲越跳越狂,荆棘划破她的衣服,扎得她遍体鳞伤,鲜血淋漓,最后倒地而死。

他们得救之后,罗兰德说:"现在我要去见我的父亲,安排我们的婚礼。"女孩说:"我留在这里等你,为了不让人认出来,我要将自己变成一块红色的石头界标。"罗兰德走了,女孩就把自己化成了一块红色的石头,在野地上等待心爱的人回来。但是罗兰德回家后,被另一个女人迷住了,忘了原先的爱人。可怜的女孩孤零零一人在野地上等了很久,始终不见爱人归来,她伤心欲绝,于是把自己变成了一朵花,心想:要是有人路过,就可以把她一脚踩死。

但天不从人愿，恰巧有个牧羊人到野地牧羊，发现了花，他觉得花很美，就把它带回家放在一个盒子里，他对花说："我从来没见过这么美丽的花。"从此之后，牧羊人家里每天都发生怪事：每天早上他一起床，就发现所有的家务都做好了：房间已经打扫过，桌椅也都擦干净，炉火生好了，水也打好了。中午他回家的时候，桌上已经摆好刀叉，还有可口的饭菜。他无法理解这到底是怎么回事，因为他的屋子里并没有其他人。虽然他很开心有人这样侍候他，但还是有点害怕，于是他找到一个相面的女人，求她指点，那女人告诉他说："这是一种魔法在暗中作怪。哪天清早你留意屋子里有什么动静，只要你看到有什么东西在动，就赶紧拿块白色的布盖上去，这样就能破除魔法。"

牧羊人照办了。第二天早上他看到盒子打开，那朵花从里面出来，说时迟，那时快，牧羊人跳了过去，拿起一块白布盖住花朵。瞬间，魔法解除了，一个美丽的女孩站在他面前，这就是那个帮他打点家务的人。她太美了，牧羊人对她一见钟情，就问她愿不愿意嫁给他，但是她却不愿意，因为她对爱人罗兰德仍然坚贞不渝，但是她答应留下来继续为他打点家务。罗兰德举行婚礼的日子终于快到了，按照当地的传统习俗，所有年轻女孩都要来参加婚礼，为新人唱歌祝福。忠贞的女孩听到她的爱人罗兰德另娶新欢的消息，伤心欲绝，她不愿去参加婚礼，但最后还是不得不去。每次要轮到她唱歌的时候，她就往后躲，到最后只剩她还没唱，她再也躲不过了，但她刚一开口，罗兰德听到她的歌声马上跳起来大喊："这声音我太熟悉了，这才是我真正的新娘，除了她我谁也不娶！"罗兰德听出爱人的声音，所有遗忘的旧情又回到心中。忠贞的女孩终于和爱人罗兰德举行了婚礼。苦尽甘来，他们开始了幸福快乐的生活。

第一阶段

对团体成员做了一些放松指导之后，我给他们念了这个童话，并请他们边听边想象故事中的画面。念完之后，他们把刚才听故事时出现的画面在脑子里又过了一遍，把那些特别清楚的画面，以及那些让他们感动、愉快、生气的画面做了梳理。这些画面通常是相同的。

一个中型团体（15人），在第一次接触童话后，最好能以轮流发言为起点，每人都说出自己想得最多的画面，或谈谈自己印象最深或最让自己生气的场景。人人都是自由的，可以畅所欲言，这是整个团体工作中的通则。团体15名成员（9位女士，6位男士，最年轻的32岁，最年长的75岁）轮流发言后，我们可以看到，童话的关键之处大都被先前提到的画面（有时有多个）所占据，而且，在个人的想象和联想之下，有些东西变得更丰满，已被带进各人的日常生活中。但也有些地方遭到冷遇，譬如开头的情节就无人问津，由于童话是个整体，掐去开头就很难理解，所以我们努力演示了这个情境。

这个环节相当于心理表演疗法中的"戏剧表演"（dramatisches Spiel），就是让不同的团体成员表演同一幕戏。童话已经规定了第一幕的情节，演员可以自行更改，但也不是非改不可，这对演戏信心不足的团体成员很重要。

每个演员都要把一幕中所有的角色饰演一遍，我觉得这很重要，这就类似于从主观层面诠释童话。在这第一幕中，也就是每个人轮流饰演巫婆、丑恶的女儿、漂亮的女儿。男士女士都一样，既演女性也演男性的角色。

在表演中，一开场就突出了姐妹间嫉妒的主题，这是普遍存在的嫉妒，还有父母亲对某个孩子偏爱的主题，这正是因为嫉妒这主题在生活中本来就很难处理，再加上偏爱，那情况就更复杂了。另外，母亲嫉妒女儿拥有更好的机会，这在此处也有所表现。因为团体成员处于不同的年龄层，他们看待嫉妒问题的立场、角度也就有所不同。

这里还提及处理嫉妒的无效方法：把被嫉妒的人杀了。象征性地理解，就是只当某人不存在，而嫉妒的人希望能够接收那招人嫉妒的东西，这里就是那美丽的围裙，它代表的是一段幸福的生活。这个幻想我们都很熟悉：死亡当然可以彻底除去被嫉妒的人，但要接受此人被嫉妒的特质就没那么容易了。是的，如果要保留发展这个特质的刺激，最好是让那惹人嫉妒的人活着。

童话中争夺的焦点是一条围裙，而童话演出清楚地表明了，这围裙不单单只是一条围裙：它代表讨人喜欢的可能性、对男人的吸引力，总之代表某些很特别的东西。另外，在我们的演出中，风情万种的漂亮女儿是由一位男士扮演的。

围裙（Schürze）象征保护，尤其是对女性私密部位的保护，同时围裙也可以代表这一部位，因此才有 Schürzenjäger 这个名词（德文的复合字 Schürzen + Jäger，Jäger 是猎人的意思，整个的意思是指专猎女色之徒，用白话说也就是色狼。——译注）。但围裙不只是保护这个部位，而且也指向这个部位。漂亮女儿用围裙表明她能和男人建立关系。可以想象，以前她曾有过美好的时光，这条围裙就是那时所得，虽然童话中对此并无交代，也许是亲生父亲或亲生母亲给她的礼物，也许那时她们母女关系还算不错。格林兄弟经常用继母来代替"凶恶的"亲生母亲，有时是为了推动小孩子自立自主。

这个童话开始并没有出现男人，显然和男人的关系很僵，所以最终的主题可能是男女之间的关系。但首先我们看到的是一个地道的巫婆母亲：她想杀害那个受到命运青睐却欲摆脱母亲的女儿，然后让自己的女儿取而代之。这是一个有着毁灭性的母亲，而这个童话讲的是，当一个人受制于负面母亲情结时，要走过一条怎样的发展道路，才能与找到的伴侣结合，或达到自己的完整性。

如果演剧的时候能够考虑其情感作用和认知意义，那自然而然就会得出这样的诠释，外加一些辅线。但演出也表明，围裙就像幸福生活本身，虽然人人想要——占有原则重占上风——但不管是母亲还是女儿，谁也不想承担罪责，没人愿意当坏人。

在童话主题的范围之外，这里还有很重要的启示：产生恶念很容易，罪恶的果实人人渴望，但最好有人替我们火中取栗，替我们使坏。每次演出童话，我们总能得到这样的体验，我们不得不看到自己所想的和所做的并不协调。

杀人这一幕没人愿意演，这是可以理解的。这一幕也必须从象征角度来理解。漂亮女儿无意间听到即将发生的事：在童话中注定活着的，要死也没那么容易。但是很明显，如果她留在继母和妹妹身边，也就是维持她们俩所代表的行为态度，那她必死无疑，漂亮围裙中的预兆也就无法实现，她也就无法脱离母亲情结继续成长。

因此，如果从女主角的角度来看这个童话，该杀的是和母亲较亲近的妹妹，她宁可留在母亲身边，夺取别人所有，以满足自己的生活欲望，也不愿意自己出去闯荡世界。

试想一下，如果这个童话情境反映在一个年轻女孩的现实生活中，那会是怎样的情形。比如有这么个年轻女孩，她受制于强有力的负面母亲情结，这种情结在童话的特殊氛围中表现为嫉妒，还伴有贪欲和巨大的毁灭性。与这种情结认同，就会变得强势，并有强大的破坏性。但是现在她知道，她还有不取决于母亲情结色彩的一面，童话中拥有漂亮围裙的继女代表的就是这一面。她知道这一面面向生活，提供建立积极关系的可能性，能感受自己的美丽。而在童话中，"美丽"就意味着命中注定的幸福人生。这一面是由与母亲的积极关系形成的。我们和母亲的关系永远有正反两面。死亡的威胁表示"自由"这一面有被封锁的危险，因为听命于母亲情结、与之保持一致的那一面占了上风。也就是说，她宁要嫉妒、贪婪、毁灭、权力的感觉，也不愿坦荡地面对生活，感受自信的快乐。[42]

因此她必须牺牲嫉妒、贪婪、毁灭性的一面（妹妹所象征的）。她必须彻底摒弃毁灭性，而且必须明白，它随时可能撺上来。她必须利用母亲情结给她的所有力量，消除自己的毁灭性姿态。

只有和爱人罗兰德结伴，逃亡才能成功。依靠男性的帮助摆脱母亲的维系，这让我们想到从童年共生到个性形成的发展历程，[43]让我们想到得墨忒耳和科瑞的童话。男性角色可以是帮手，也可以是窃贼（哈得斯）。在这里罗兰德身兼爱人和帮手的角色。

漂亮女儿和爱人罗兰德的关系，当然也可以被视为她与自己心理内部男性特质的关系，童话讲述的这个关系是发生在一个特定的生活情境中，其中，母性形成了致命的禁锢，极具毁灭性。罗兰德"知道"巫婆的危险性，指示漂亮女儿一定得带走巫婆的魔棒，也就是说，她自己也需要变法术的能力。魔术棒中隐藏着一个重要的人生经验：每一种人生状态，无论多么令人不快，它都能指导我们如何生活，教给我们生活的策略和改变的艺术。所以，比起无忧无虑的孩子，那些在困境中长大的孩子在后来的人生中往往更有自保能力。

威胁、嫉妒，并因害怕陷入嫉妒不能积极营造生活而产生焦虑，这样的开头让团体成员觉得非常沮丧。魔棒象征着改变恶劣境遇的可能性，出现在第一堂课的最后，时机正合适。魔棒让人产生的念头是"可以有所作为"，而非听天由命。

我让团体成员再一次放松，然后请他们想象他们自己的魔棒，想象他们会用魔棒去点化什么东西。想象练习结束时引出一个问题：用不着魔棒的时候，他们会把它放在哪儿？这个问题旨在让魔棒触手可及，因为我们经常会觉得自己根本没有魔棒。

最后这个练习大大地改变了团体气氛。每个人都找到了魔棒，既惊又喜，并且认定上述那些问题也能得到改观。童话的第一个希望已经建立起来了。原则上说，以童话为媒介的团体工作到了这个时候，我会有意识地离开童话，如果我觉得这样对团体有益的话。

第二阶段

再一次放松之后，我把童话中从巫婆发怒到两人变成池塘和野鸭的这部分念给大家听。

他们再一次想象那些画面，也就是说，尽可能身临其境地去体验那个场景。念完之后，大家花了些时间，集中注意想象中最生动的场景，并且让它自行变化发展。有些人想象的画面主要以童话情节为依据，有些人则因此处的童话主题触动了自己的问题，而将其掺入想象的场景，大家互相讨论了这些画面，同时也不断地点评童话主题。接着他们画下了那些令人惊愕的场景。

童话中的这一段主要讲逃离毁灭性的母性，也就是避开自己的毁灭性，别让破坏性太大的情绪把自己击垮。童话以象征的形式精确地指示我们如何远离这些威胁，放弃与负面母亲情结的认同。第一部分是通过逃亡达到目的；第二部分则是找寻新的自我同一性。

童话首先描写的是"变化逃亡"，当童话主角必须逃离强有力的人物，否则将面临毁灭的时候，经常出现这样的情节。[44]用于人的行为方式，变化逃亡意味着避开追踪者特有的情感和态度。在这里，女孩不能允许自己有嫉妒、破坏性的情感——她必须强迫自己匆忙转向别人，步入生活的另一个空间。

但是，变化逃亡也只有在童话规定的条件下才能成功：女孩和爱人罗兰德已经建立了关系。如果我们愿意把这个替换过程视为一个年轻女孩所经历的具体替换过程，就可以看到，要摆脱母亲过于紧密的维系，大都得依靠爱情。在客观层面有效的，也适用于心理内部层面：如果一个女人和自己的男性特质建立了关系，首先她会体验到个人的完整性，于是就很容易走出母亲情结，她不再迫切需要它的保护。逃亡成功的第二个必要条件：爱人罗兰德告诉她，她用得着巫婆的魔棒；她应该随身携带变化的力量、变化的希望，以及改变境遇的神奇能力。而这一切都拜权力所赐，与母亲情结密不可分。

魔棒意味着知道如何改变，这非常重要，因为光会逃跑是不够的。就在巫婆靠近的时候，也就是巫婆所体现的姿态快要赶上女孩并把她抓回去的时候，她及时地把爱人罗兰德变成一个湖，把自己变成野鸭。这幅画面有着安全和冥想的气息，他们完全清楚，威胁就在眼前，但是，这一刻只要能够居中把持自己，不为毁灭方所提供的利益所动，而是在这虽无主动可言，但却安全的境地中保持静默，就不会有事。毁灭方的面包就是一种力量。

有趣的是，罗兰德变成了湖，在并行的版本中都是女人变成湖。但是这里的画面符合一个男人与一个仍然受制于负面母亲情结的女人的关系状况，男人首先必须承担起真正母亲的承载功能。野鸭是一种在水陆空都能活动的动物，此处的寓意是，女孩还能用不同的方式逃离巫婆。

这个童话告诉我们，我们必须把持自己，才能躲开无法抗拒的强大力量。必须知道，它也可能很诱人，但我们绝不能向诱惑妥协。

画下想象的内容

之所以要画下内心的图像,是因为它们通常稍纵即逝,画下来后,我们往往更能体会其中的情感成分及其对我们生活的意义。画画的过程中,这些图像还可以继续变化,这常会给我们额外的机会认识自己目前的心理历程,它就反映在童话的图像中。

想象、画画以及戏剧表演,是处理象征性图像的不同方式,每个人必须明白,在什么时候用什么方式能让自己与内心的图像产生最为活跃的联系。

一位女性成员的想象和图画（40 岁）

在被那些血滴呼来赶去之后,我非常愤怒,我被骗了,我一定要报仇,我冲上城堡塔楼,跑到窗前看那女孩往哪儿跑。我看到远处的罗兰德和继女。我气得快炸了,穿上千里靴,心里想道:"你们逃不出我的手掌心。"

然后我突然成了那女孩,怕极了继母,害怕自己的魔法变化不会成功。在最后一分钟我还是变成了一个湖,死寂平静,没有一丝波纹。湖很大,足够让野鸭安全地在湖中游泳。

在下一个情境中,变成花朵之前或那一刻,我同样非常恐惧,我无法主动自卫,因为我太怕继母了。同时我不知道该怎么办,因为我不知道在这个场景中我到底是谁,是继母还是女孩?我一直身兼两个角色,而当我反对母亲或反对女儿时,总是毁灭自己的一部分。这让我感到无助而且愤怒。

做这个想象练习的成员告诉我们,她小时候常为自我同一性的冲突而烦恼。对她的弟妹来说,她像母亲;对她的母亲来说,她又只是个小孩子。一直到二十几岁，当她说到她的弟妹时都还用"小孩子"来称呼。"最棘手的是，我不知道该怎么打发我的愤怒，因为它总是指向我自己。"

在想象练习中，这位女士把自己看作既是继母又是女孩，同时进入两个角色。她非常清楚地表达了继母被骗之后的愤怒，同时还有女孩对继母的害怕。也就是说，这一幕表现了这位女士家里的母女冲突。和童话女主角不同的是，她并不打算彻底离开母亲，葬送彼此的关系，不准备彻底牺牲女儿与强势母亲认同后感受到的力量。她也还想再当一会儿强势的母亲，因此到最后一分钟才变化，而且同时是湖和野鸭，或者只是湖，也就是说确实是自己承担了女性的责任。

这位女士根据这一幕所画的图（图 2/3），清楚地表现了与暴怒的强势母亲（靴子）的认同，以及始终受到母亲监视的感觉。想象和画图从主题和情感两方面再次将这个童话纳入了脱离母亲问题的范畴：母亲的愤怒是可以理解的，她们把孩子当成私产，当孩子离去时，她们觉得自己被骗了，于是乎愤怒；与此相应的是孩子对母亲权力的畏惧，他们害怕受到践踏和一如既往的监视。这两者当然也可以从主观层面来理解：一是失望之后足以把人踩平的愤怒力量；二是始终被母亲监视的那种感觉，即使母亲已经不在，也只能过着她所允许的生活，否则就会问心有愧。这说明母亲情结高高地凌驾于自我情结之上。

这些图画显示了各人想象的童话画面是多么的大相径庭，一位56岁的女士画的巫婆也很另类（见图1）：这个巫婆长得像柳树，传说中柳树是巫婆的栖息地。即便巫婆这么有趣，我还是不太相信她：她很可能把自己伪装起来了，这很可能是设法淡化巫婆的问题。此外，这个巫婆头上的天线是做什么用的？

通过画画我们知道，我们可以根据童话意象形成我们自己的意象，它当然会透露我们的许多信息，眼下也是如此，比如它能显示我们认为他人和自己身上什么样的品性有巫婆气息。想象练习，也就是图像式的想象，对于画画和戏剧演出都是很好的前提。

第三阶段

首先还是放松，然后我继续把童话中从变成花朵到变成岩石这一段念给大家听。团体成员还是各自想象那些场景的画面，比起前一天，这次他们有更多的时间让这些画面自行发展，然后他们相互交换各自的想象，思考童话主题以及与之相关的、自己的生平经历。

女孩把自己变成荆棘丛中一朵美丽的花，把罗兰德变成小提琴手，才逃过巫婆的第二次攻击。巫婆很清楚谁藏在花里，当她摘花的时候——巫婆是贪婪的，占有法则是她的天条——爱人罗兰德奏乐让她起舞。一个大家熟悉的情节：邪恶的力量无法抵挡小提琴演奏所表达的精致细腻的情感，谢天谢地她就这样跳舞跳死了。当然最重要的是，女孩坐在荆棘丛中，也就是说她利用天然的荆棘保护自己，一方面让人无法靠近自己，另一方面练习细腻的情感表达，不让自己被自我毁灭的念头所控制，这方面是通过爱人罗兰德表现出来的。如果把罗兰德看作她的内在特质，那么现在她的行动就是与男性特质认同的结果。

如果我们把这两人看作一对，则她虽然美丽，但还不完全属于这个世界，当诱惑以母亲情结的名义接近她时，她还得仓促避入荆棘丛，做一小会儿睡美人，而他在这时候营造美好的气氛。为了让大家有所体会，我让他们演出了这一幕。

演这一幕花了很长时间,巫婆、花、罗兰德,大家轮流饰演这三个角色,其他人就充当荆棘丛。大家一致认为扮演花朵最不够刺激:只是长得漂漂亮亮,在那儿等待,期望不要被看见。一位成员表示,这个角色令人不满。这个体验可以对我的解释做些补充:在这种情况下,一个年轻女孩会变得被动,不可接近,至多她的伴侣或者她的男性特质会主动。而他——这时指的是伴侣——知道她为什么如此被动:危险太大;如果她现在行动,会被负面母亲情结赶上,可能会把自己弄得毫无价值,走向自我毁灭或者索性专事毁灭。

作为团体体验,"奉命攻击"尤其令人难忘。荆棘丛全力以赴地进行攻击,因为它必须攻击。荆棘丛动来动去,牵绊巫婆。根据他们的演出,这个童话必须改写,罗兰德的生动演奏根本没有必要——这原本也很难表现——单单荆棘丛就足够对付巫婆了。于是我就插手干预了,要求演出做些改动。这一次荆棘丛固定不动,这对巫婆来说更具威胁性。令人印象深刻的是,很多人自认不喜欢与人为敌,天性爱好和平,但只要是出于奉命行事,他们就能从施虐中获得许多乐趣,这时的他们与开头的巫婆形象也差不离了……[45]童话中的巫婆终于死了,毁灭性的母亲情结终于暂时失去了力量,女孩也因此丧失了与强势母亲的联系。现在她可以和爱人罗兰德结合了,至少大家都是这样认为。

但罗兰德去请求父亲安排婚礼的时候,为什么不带上他的爱人同行呢?这让人听了很奇怪,在演出的时候大家都觉得"无法想象",他们对罗兰德的愤怒节节升高,被遗弃、孤独的感觉油然而生。但是也有人批评女孩:为什么她不主动跟他去?为什么让自己遭到遗弃?"我会在这里等",故事中的女孩这样说。显然她的时间还没到。然后她的反应就像一个弃妇,变成一块岩石,也

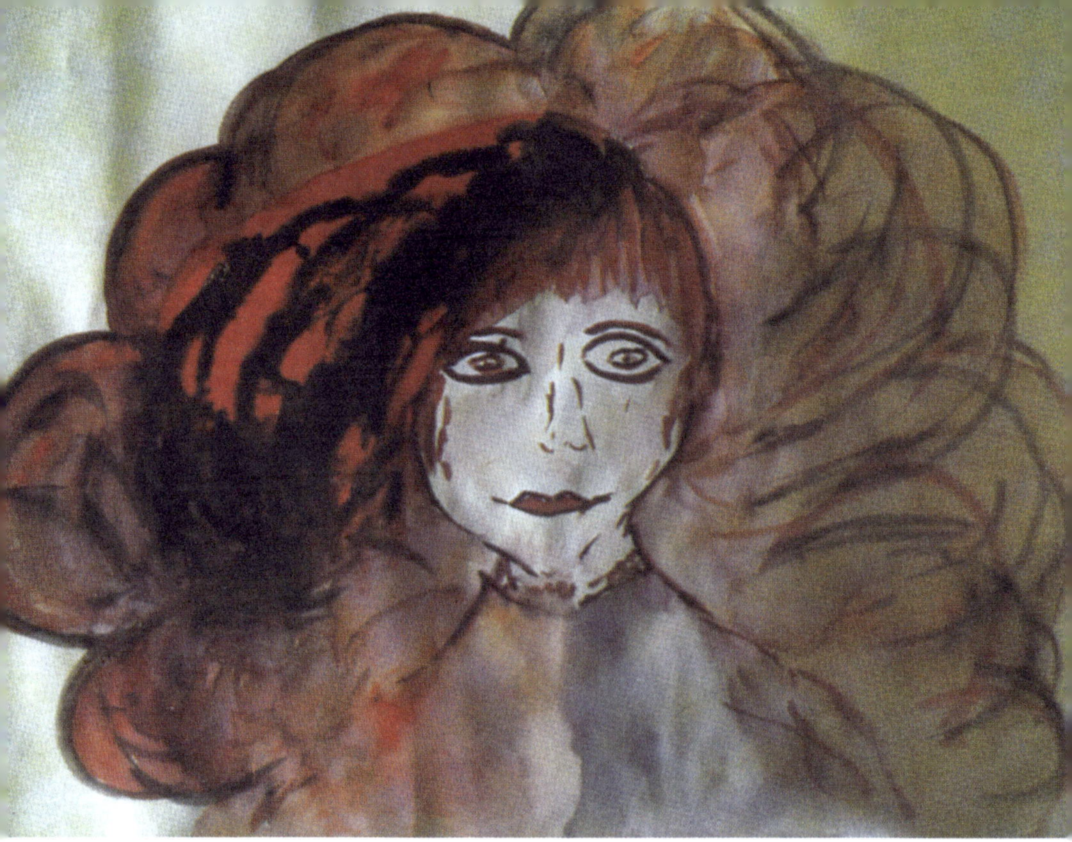

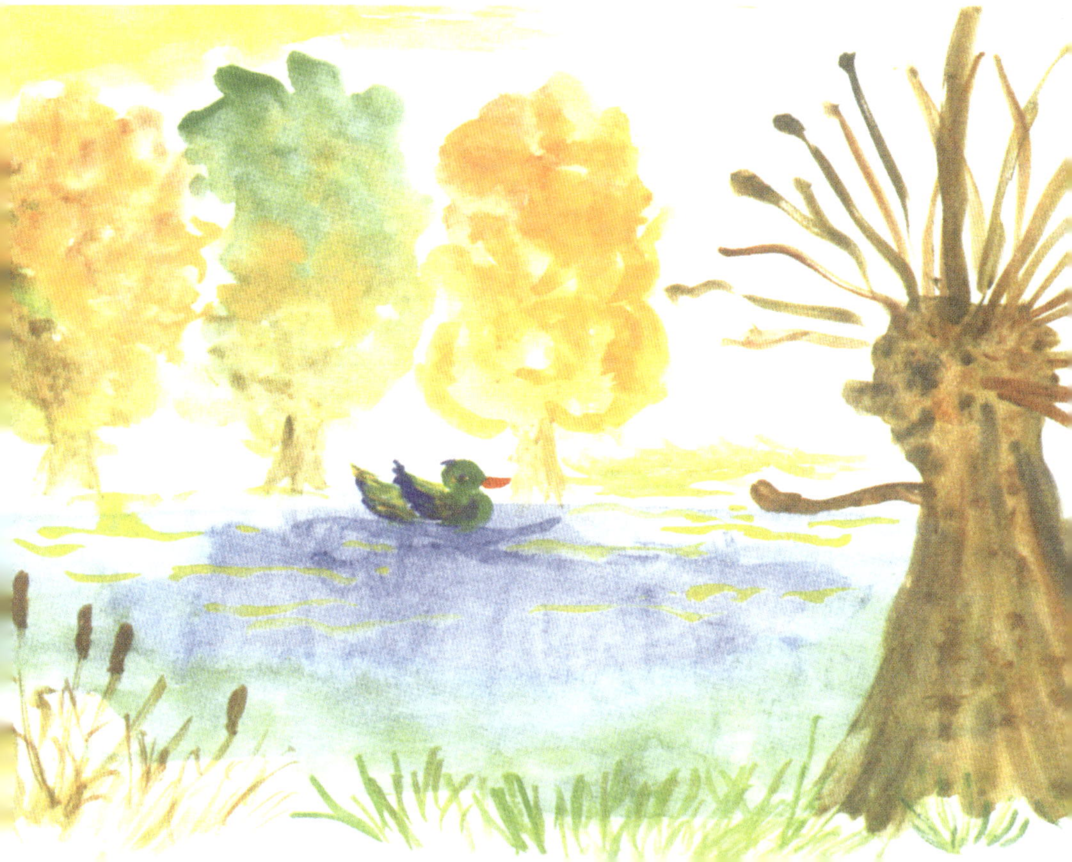

就是说变得像石头一般僵化、被动，只有红色还暗示着化为新生命的可能性。

这种情况该如何理解？很显然，不论是女孩或是罗兰德，都还不是真的具有建立和维持关系的能力。罗兰德很可能也长久活在负面的母亲潜存印象（Mutterimago）之下，现在巫婆可以被理解成具毁灭性的母亲潜存印象，而这关系到在它范围内所有的人。只有这样才能理解为什么他一个人走。在一个同一主题较详尽的童话版本中，罗兰德不能让他的母亲亲吻，但他忘了这件事，于是也忘记了他的未婚妻。也就是说，罗兰德又回归到他的家庭，或者又退回到一个先前的发展阶段，而把他的未婚妻给忘了。在共同经过了这一段艰苦的历程之后，还能把她忘了，真的是着了魔，或者说他还不想要现在的她。

对女孩来说，原本掌控她的情结已经"死了"，不再有作用。这表示她生命中有一大部分的东西不见了。一直到现在她的认同是来自"对抗母亲"，或者来自对抗掌控她的强大力量。现在她必须寻找新的认同，不是对抗任何人，而是真的与自己的深层以及正面的母性做联结。现在罗兰德一旦离开，对她就绝对不再是母亲的替代角色。一个男人也不可能永远替代一个正面母亲的角色。为了这个达到新认同的变化历程，她必须自己熬。

第四阶段

在这个阶段我们处理童话中从岩石到罗兰德婚礼的这一段，进行的方式和上几次相同。但是这一次成员对接下来的几幕，可以选择画图或是演戏，完全看个人对这两种方式在情感上的接受程度决定；根据经验，有些人在画图时较能生动地感受到剧情，有些人在演戏中较能体会剧中人的情绪。"团体分组进行"令人印象深刻的是，在想象的练习中，童话的变化表现出几个不同的阶段；这几个变化的阶段符合一个悲伤的历程。女孩提到变成花是对生命的厌倦。变成花这个变化让我们体验到的是，化成新的生命也很危险，因为她像是要对人说："即使我会被毁灭，我也要再活一次。"那是对生命的一种绝望的愤怒，决定试验自己究竟该活还是注定该死，在这里看到的是哀伤的人的典型想法。[46]但是虽然变成花，她没有被踩死，而是被牧羊人带回家放在盒子里，而且因为她的美丽被人赞叹、欣赏。

女人变成花的情节在童话中屡见不鲜，经常是由于悲伤。她们变成花，直到爱人走过。这在方言中的"Wegwarte"（野菊苣，路边的野花，字面意思是守路人。——译注）表达得最清楚。如果一个人把自己变成花，就得放弃许多自由。花不能移动，只能用美的形式发言，只能展现自己的美，同时也显现短暂的生命。很明显，她只能依赖有人走过来，看见她，欣赏她，并且适时采下她，让她又恢复人形。如果没有人适时采下花，花将会凋落。在这个关联下，这花可能表达的是那么一点儿对变化的期盼，最后对生命的关注。

在演出当中可以特别清楚地看到，对这朵孤立在那里的花朵，表现出赞赏、承认她存在的态度有多么重要。虽然被放在盒子里这个主意，没有人觉得是特别吸引人的经验。有几次，演员觉得躺在棺材里，它就像变化的容器。这个细节或许可以这样理解：这朵花仍然需要保护。一个女人在这个像花一样的阶段，仍然娇弱容易受伤害，不必完全属于人的世界，她还需要被隔开，必须保护自己，现在还不能太早进入一个新的关系。这朵花现在处在一个男人的世界，他是牧羊人，和大自然还有紧密的接触。她现在在一个男人身边，这个人同时具有母亲的功能和男性的身份（见图4）。

女孩变成岩石，然后变成花，再变回女人，我们可以将这过程理解为生命的再生，这是从母性正面观点来看。这一步她必须自己踏出去，才能真正有与人建立并维持关系的能力。与爱人罗兰德的关系是"危急时的伴侣"。很多女人需要与一个年轻男人有关系，才能脱离母亲情结。这关系要一直持续到这女人达到符合年龄的自主自治，这时才能够继续寻找新的自我认同。[47]这个认同首先是，终于能不再依赖男人：女孩不愿意和牧羊人结婚。

在牧羊人的屋子里净是发生些神秘奇怪的事，家务被料理得好好的，尽管牧羊人看不到有人。也就是说，那朵花间接地引人注意自己，她可以被看见，也可以变化。一个聪明的女人知道该怎么办。只要丢一块布盖住花，而且是一块白布。白布代表新的开始，一个过渡时期。盖上布可以解释为，牧羊人不要再看到那朵花，也不再欣赏她，他把她盖住，好让她能够变成一个新的样子，而她也必须改变。

那是一朵花的阶段，她被人赞美、欣赏，但不是真的与人有关系，除了用一种趁人不注意，偷偷地做家务事的方式，这种行为我们在年轻女孩子身上也常可以看到。这个阶段结束了。那个聪明的女人预先知道，她是母性聪明一面的化身。但是女孩并不愿意嫁给牧羊人：和牧羊人的关系只是过渡时期的关系，相当于年轻女孩与像母亲一样的男人的关系。女孩誓守忠贞，她要为她的爱人罗兰德保持忠贞。而她又要继续等待，而且留在牧羊人这里。从这里看，她的成长似乎非常谨慎、缓慢。

团体成员在演出从岩石变成女人的这一段，体验非常深刻。有一个特别的原因，因为当中有一位男士饰演的牧羊人非常迷人，大家都觉得被他像稀有珍贵的花一般地看待。有几个成员愿意饰演石头，是因为他们事先已经知道，终究会从僵化、沮丧中走出来。然后我们看到，从岩石变成花这个历程在情感上很难克服。在意义上倒不是像童话所暗示的绝望，而是要自己站起来，要有沐浴阳光、面向世界的心情。总之，变成花之后，大家都觉得比先前脆弱，而且暴露在更多的危险中。有人在演出从花变成女人的这一段，体验到完全深层的存在意义，真的就像再生般地得到新的身份。这几幕十分特殊，充分涉及个人的历史。另外还有一件有趣的事，那就是知道了每个人将自己视为什么花。

第五阶段

在第一节的时间，我们做了重逢相认这一幕的想象练习；在第二节里，我们做了回顾，再一次讨论了每一幕，并且在这次参加童话治疗中交换了个人的心得。

这个童话的结局是罗兰德认出了女孩。罗兰德认出了他的旧爱，尤其是认出了她的歌声。透过歌声，透过歌曲，她要表达她真实的自己、她最深沉的感情，而"认出"在这里，在整个前提下，代表的也是"爱"，[48]"因为他所有遗忘的记忆又回到心上"，他对女孩的感情又活过来了。现在一个关系的建立已经有可能，不管是一个客观层面上的关系，或是她与自我的男性特质之间的关系。

还有一点也被提出来批评：罗兰德也必须经历一段发展的过程，特别是男性的成员都这么认为。现在我们当然也可以把牧羊人看作爱人罗兰德的一面。也就是说，他的发展历程在于：用保护、照顾、赞赏的态度帮助女孩成长，并且没有任何要求。当然还有其他童话，其中描写的发展是男主角故意遗弃他的新娘，举一个例子来说，就是《金山国王》[49]。

最后一幕的想象练习（同上面那位女士）

我在牧羊人的家里打点家事。我不爱说话，常觉得有些悲伤，我听任被遗弃命运的摆布——我还能到哪里去？当我听到罗兰德将要结婚的消息，我感到震惊和失望，对于过快乐幸福日子的期待更是绝望。我不想去参加婚礼，我不想再看到罗兰德，更不要说是为他唱歌祝福。我内心感到痛苦无比。

最后我还是必须去，我顺从了这无法避免的情况。婚礼在一个像修道院的地方举行。所有来的女孩子在回廊排成一排，罗兰德骑着马，刚开始我站在队伍的最前面，但是每次只要轮到该我唱，我就往后退几步，然后再插进行列后面的位子，我的左臂抱着我刚出生的孩子。在换位子的时候，我的心情很矛盾，很害怕，一方面希望他认出我，又希望他不要认出我。

最后我站在行列的最后面，我已经没有地方可以退了，只好开始唱："突勒的国王，一直忠实到死亡。"我一唱，罗兰德就认出了我的声音，骑着马来到我面前；跳下马，奔向我，抱住我。魔法已经被解除，我得救了，终于可以自由自在地和罗兰德生活在一起。

那个刚出生的孩子来自这位女士前一天的梦中印象。她在前一天从岩石变成花的这一幕中，深刻地体验了存在的意义。第二天早上醒来，有一种左肩卧着婴儿的感觉，这感觉让她觉得很幸福。

《突勒王之歌》在《浮士德》中是格雷勤在监狱中唱的。"以前我们在学校上《浮士德》的时候，老师问我，是否可以配合他的小提琴演奏唱这首歌。我内心的状况、监狱的一幕和那首悲伤的歌配合得刚刚好。"

爱人罗兰德——童话在团体中的应用

这首歌再次道出一个女人生活的处境；她正处在最沮丧的状况，但是也表现出她最忠贞的一面，从这首歌中罗兰德认出了她。因为她被认出，再大的寂寞也被战胜了。

结　束

在结束之前，我们做了最后一次讨论，共同思索几则童话情节可能的意义。这也是出自几位团体成员的要求，他们希望，他们的问题能在人类共同问题的关联下具体化，就像童话所表现的那样。

每位成员在这种团体治疗中获得了经验，但彼此间的经验有很大的差异。大部分人表示，团体治疗是一种非常温和而十分深入的方法，它让人和自己以及自己内心的影像交流，同时感受个人的生命力，这对很多人来说很重要。而另一些获得经验的人认为，童话提供了一个可能性去表达被引出的自我冲突，同时只停留在童话上。这对于某些成员而言，起着令人安心的作用。而另一些成员则认为这是一个缺点。身为这个团体的指导员，我有意识地不去下结论，而让结果敞开，尽管这个团体成员只有短暂时间在一起。有一些成员觉得，在自己的一些基本问题上又向前迈进了一步。

成员在童话团体治疗的过程中，情感上的经验和个人在整个团体中所做的经验分享都相当可观。总之，身为团体的指导员，自然也处在团体中，尤其是这个团体在时间上有所限制，因此得常常自问，现在是该探讨团体历程还是处理个人的经验？我的倾向是，应该把童话当作完整的个案来处理，让成员在团体中完整地领略问题的经历、问题的纠结，以及新的生活策略的变化。

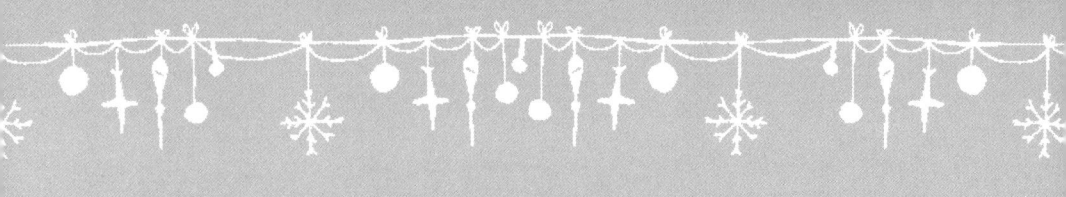

白衬衣、沉重的剑以及金戒指

——童话将梦带入一个历程中

童话和梦确实有很相似的地方，我们常可以根据一个梦，把这个梦放在一个主题类似的童话中，在更大的框架下来理解这个梦，并且在情感被触动的方式下，去了解个人的历史和个人的问题。

除此之外，童话也很适合将梦带进一个发展的历程中，尤其是那些没有提供解答，却仍然倾向发展的梦。然而，单单有与童话情节相似的梦是不够的。相关童话的基本主题，必须和做梦者的基本人生问题在某种程度上一致。

这种将童话应用于治疗中的方式，是根据以下的考虑：让童话中的发展历程去激发个人的发展历程，或者是让接受治疗者更清楚地去体验一个阻抗，透过童话所期待的面向，唤起在梦中被隐藏的个人的期待面向与希望的向度。

个　案

一位35岁担任教职的男士，不觉得教书是自己真正的职业。他觉得自己也可以写剧本、拍电影等，这些他也做，但是他总不能所有事都做，就这样刚好放下的，往往是最好的计划，他不知道为什么会这样自毁。他前来接受治疗，因为他想知道他的人生道路究竟在哪里，此外，他觉得自己没有方向，没有决心，他想改变这个状况。他无法下决心，可以在他与女人的关系中看到：他有很多和女人在一起的经验。根据他的说法，他经常担任"救难员"的工作，另一种说法是"他把那些女人从烂泥中拉出来"，譬如说帮她们戒毒，找到适合的事做，等等。等到这些女人的日子过得不错了，就会离他而去。至少他是这么认为的。但是在治疗的过程中，我慢慢发现，其实是他不知道如何和那些日子过得好的女人相处，他对她们根本不感兴趣。

他的家庭背景：他家有三个孩子，他的年纪最小，而且是唯一的男孩子。他觉得自己受母亲和两个姐姐的宠爱，他的父亲通常不在，不管是在现实中或是在他的心里。偶尔父亲会因为教养的问题大发脾气，然后对他变得非常不公平，他的母亲因此就更宠他、更放纵他，以此作为补偿。

我暂且叫他彼得。彼得小时候爱做梦，但是也非常有天分。他会画画，会写诗，也会踢足球，会演戏。他在学校功课没什么问题，但成绩不是真的顶好，因为常常"有很多事要做"。如果成绩有危机的情况，"运气好"总会救了他。从18岁起，彼得经常重复做同样的梦：我乘着一艘船漂流在海上。那艘船设备齐全而且很坚固，但是我迷失了方向，我感到有些不安，但不是很严重，因为船很坚固。我心想迟早会有人经过而得救。

那艘船在梦中会改变。有时候他一个人在船上，有时候不是。但迷失方向等待救援的情节一直不变。这些梦常常给人以失去方向，但并不是真的很糟糕的感觉。很特别的一点是，做梦的人相信救援一定会到，而自己不采取任何行动。梦的结尾常常会在一个影像中暗示我们的路该如何继续走，但这里只有等待。对我来说，这个等待太没有建设性，它可能出自冷漠和无所谓。

在接受了大约一年的治疗之后，彼得做了两个梦，是这两个梦让我决定将下面的一个童话带进治疗过程中。一个满头白发的老人威胁我。我心里想，真是太可笑了，我可比他强壮多了。但是那个白发老头儿有像年轻人一样的力气。我不知道要怎样对抗他。我带着不舒服的感觉醒来。

让彼得感到不舒服的是，他毫无招架能力的感觉，他感觉到自己完全不是老人的对手。那白发老头儿让彼得想起童话中的老头儿或是小矮人，他们看起来虽然不怀恶意，但却很有力气。他感觉到他梦中的白发老头儿是个十足的坏人。他身上有着人生经验和认命的危险组合，因此产生阴险恶毒。彼得看清这白发老头儿是其人格特质的一面，他也十分清楚，这老头儿会在怎样的状况下"侵袭"他。伴随着目空一切，毫无意义的感觉，但就像在梦中一样，他面对自己的这一面时也很无助。大约一个月之后，他做了一个梦：我被关在笼子里，我可以感觉到笼子的栏杆。我什么也看不见，我的眼睛一定是瞎了。笼子里可能有猫，或是有柔软毛皮的动物，我依偎在它们身上，用它们来安慰自己。我觉得自己很悲惨。

  彼得的联想：瞎了眼，对我而言是一件难以忍受的事，我觉得很悲惨。那感觉就像在梦中我坐船漂流在海上，失去方向的感觉一样。我从那些猫身上得到安慰，这让我想起，当我在一个女人身边睡着时的感觉，我只是想寻找一点慰藉和温暖，不一定和那女人发生关系，而单单只是享受那种感觉。

  没错，我感觉被关起来了，是我给自己上的铁条，但是瞎了眼？我对自己的状况真的是瞎了吗？

做梦者可以把这些梦和他的人生状况联想在一起，但在梦中，仍然有一些超出日常生活意义的东西。这些是没有动力的梦，没有显现任何继续发展的迹象，除了应该醒过来。睁开眼睛醒来，又能看到东西，在他的第二个梦里也提到了。对那些没有显示发展可能性的梦，我们当然也可以这样理解：在某些情况下，看清状况，熬到底，才是明智之举。但现在不管怎么说，彼得一直是等待型的人，他一直在等待"有人经过"，对他而言，等待根本不是什么困难的事。倒是看清情况对他而言有些困难。

  我决定把自己不久前看到的一篇童话给他看，当时我看完这篇童话后觉得很惊讶，因为这篇童话和他的梦有很多相似的地方。彼得是在家里看完这篇童话的。

童话概述 [50]

从前有个国王，他娶了一个出身高贵的女人，但是她的心地并不怎么高尚，她每天对丈夫不忠。一年之后她替国王生了一个儿子，这孩子有牛奶般白皙的皮肤，苹果般红润的脸蛋，他一天比一天英俊。他越是长大，越是让国王骄傲。他不但聪明，同时又是全国品行端正、心地高尚的青年，认识他的人都说，他一表人才又正直。当他18岁的时候，真的是玉树临风。这时王后突然对他产生了极端罪恶的情愫，她对自己说：无论如何，我要让他成为我的丈夫。但是她也知道，她的想法很难得逞，而且她也怕如果她对儿子说出，儿子会告诉他的父亲。于是，她想好计谋要诱拐王子到遥远的国度，这样她就容易达到目的了。

不久王子的生日到了，国王下令举国欢庆：上午，全国各地的乐师必须到教堂礼拜演奏；下午两点左右，将举行盛大的餐宴，成千的宾客将受邀请；晚上，城里的家家户户、城堡，还有城堡四周的花园将灯火通明，各地必须放烟火庆祝。一切也都照国王的指示进行。当教堂的礼拜结束之后，王后领着儿子到花园中散步，一边闲聊，走着走着，儿子并没有察觉他们离城堡越来越远了，最后他们来到水边，水面一望无际，根本看不到对岸。一艘豪华的大船就靠在岸边。"啊，水里怎么会漂着这么漂亮的房子！"王子兴奋地大叫起来，因为他还没有见过船。王后说："你只看到房子的外面，里头可比我们的王宫还漂亮。"王子说："啊，我真想看看！"于是王后领着他上船，一个房间接一个房间地参观，每个房间他们都逗留了好一会儿。就这样在船上几个小时之后，王子对母亲说："亲爱的母亲，餐宴的时间到了，我们得赶快回去,免得让父亲和宾客久等。"王后回答说:"我们有的是时间。"而王子不想再待下去了,于是走上甲板,当他看到四周的花园不见了,眼下只有水和天空,他吓坏了。王后和船长早就说好,要他把船停靠在城堡花园边几个小时,一旦她和王子上船之后,就开锚送他们到遥远陌生的国度。惊吓过度的王子跑去对母亲叫喊着:"母亲,这漂浮的房子是贼窝,强盗把我们绑架了!"王后安慰他说:"别慌,儿子,我只是想给你一个小小的惊喜,我们不久就会靠岸了。"她说的没错,不久,王子就看到远方有一个黑点,那黑点越来越大,当他们靠近时看到了一座壮观的橡树林。那艘船正驶过去,然后靠岸。王后拉起儿子的手说:"我们就在这里下船,不久你一定会满意的。"

就这样他们上了岸,走进森林。王子不时地问,这里是否也属于国王城堡花园的一部分,我们是不是就快回到家了。但王后总是巧妙地回避他的问题,直到走进一片空旷的草地时,王后对儿子说:"亲爱的儿子,我累了,我们在这里休息一下吧。"于是他们并肩躺在草地上休息。这时王后亲吻她的儿子,并表达自己爱他。王后告诉儿子,是她诱骗他到这里来的,如果他不想要她当场死,就必须成为她的丈夫。但是王子严正地拒绝了她这可耻的求爱。他对母亲说:"亲爱的母亲,这是天大的罪孽,我们绝不能这么做。"不管王后费了多少唇舌,他都不为所动。她最后明白,她完全是白费力气。这时她心中对儿子升起一股恨意,这恨甚至强过当初她对他的爱,但是她并没有表现出来,她还是像以前一样亲切地对待儿子。而她却对儿子说,她只是在考验他的德行。

他们休息够了之后,又一起继续往森林里走,一直到傍晚他们才走出森林,看到远方有一座雄伟壮观的城堡。王子对母亲说:"母亲,你留在这里,我先进城堡探看谁住在里头,如果不是强盗的巢穴,我马上就来接你。"她同意了,于是王子一个人走进城堡。城门是开着的,他穿过庭院走进房间,他所看到的人都在熟睡中:仆人、宫中的侍女、厨师、厨娘、马童、女仆。他走遍了整座城堡,最后走进一个富丽堂皇的大厅,在大厅中央有一张黄金打造的圆桌,桌子上摆了一件白衬衣和一只金戒指,沿着圆桌的边缘有一排银色的字,上面写着:"谁要是穿上白衬衣,就可以挥动墙上那把剑;谁要是把金戒指含在嘴里,就可以听得懂鸟语。"他抬头看,墙上果然挂着一把巨大宽厚的剑,因为他谙熟各种兵器,忍不住就想取下那把剑。但是他根本拿不动它,反复试了几次,最后只好放弃。这时他想到那件白衬衣,于是穿上白衬衣,接着把金戒指套在手指上,他立刻觉得自己像完全变了一个人,感觉全身热血沸腾,他一个箭步冲到墙边,挥舞着剑,驾轻就熟,那剑在他手上仿佛变成了一把朝臣佩带在身上的剑。

就在这时候,他听到有人奔跑的脚步声,那杂沓声就仿佛有上百的人在奔跑。突然,门开了,身穿华服的三个仆人走进来,恭敬地问:"国王陛下,不知您需要什么?"一开始王子吓了一大跳,但是他马上就意会过来了。他命令道:"驾最好的马车,到森林前面把我母亲接来这里。"仆人鞠了躬急忙告退。这时他又继续在大厅里察看,他在一个角落发现了一张床,那张床在帘幕后面,床上睡着一位白发老头儿,那老头儿有一张虚伪的面孔,一看就知道不是什么好人。王子试着叫醒他,但是那老头儿只是嘴里嘟哝了什么,翻个身又继续睡着了。王后来到城堡,她很高兴能在这美丽的城堡里住下来,而她邪恶的内心仍然日日夜夜想着要报复,想着如何毁了善良的王子,但表面上她仍然对王子很好，每天都对他说，能有他这样的儿子她有多高兴，她爱他甚于世上的一切。

当王子在城堡住了几天之后，有一天他到堤岸上散步。突然，他听到呻吟和叹息声，那声音像是从地底里传出来的，于是他挥动手中的剑，仆人马上出现，他问仆人那声音从哪里来，是谁在叹息。仆人回答："这个我们不知道，只有在大厅里睡觉的白发老头儿知道，因为他有通往地道的钥匙。"王子命令他们去把老头儿带来，但是他不肯来，王子只好下令用武力抓他来。这时老头儿才带着一串钥匙前来。他移开土墙上的一块石头，出现了一道小门，他用钥匙打开门，门后是一条黑暗的通道。"现在可以进去了。"他不情愿地对王子说。王子非常小心，让老头儿带路，他们越是往地道里头走，那叹息声就越清楚。最后他们站在第二道铁门前面，老头儿打开铁门，王子看到一个半阴暗的洞，里头是废水，还有城堡中所有的污秽。在这可怕的地方竟然坐着一个女孩，她身上的衣服几乎全腐烂了，当她看到白发老头儿时大叫："走开！或者杀了我，结束对我的折磨。"这时候王子从黑暗中走向前，并且命令白发老头儿把女孩带出来。刚开始他有点犹豫，当看到王子作势执剑时，便乖乖地服从命令。那女孩哭喊着："不要把我带到光天化日之下，我宁可死在这里，也不愿衣不蔽体出去见人。"王子很友善地安慰她说："你马上就可以离开这个人间地狱，你要什么，我马上派人送来。"然后他命令白发老头儿回城堡，让两个侍女带来干净的水、华丽的衣服，还有丰盛的食物给女孩。侍女们为女孩盥洗，换上新衣。过后，女孩从阴暗的地道中走出来。多美丽的女孩啊！阳光般的金发、湛蓝如天空的眼睛，她的脸庞娇艳欲滴如用百合和玫瑰化过妆。第一眼看到她，王子便被她深深地吸引住，他情不自禁、迫不及待地走向她，拉起她的手亲吻问好。他带着她回到城堡，然后他才问起她的身世和遭遇。她回答："我是一个国王的女儿，我父亲的领土在大海遥远的对岸。有一天我带着我的侍女到海边散步，突然来了一艘海盗船，他们把我绑架到他们的船上，然后又把我卖给那个虚伪的白发老头儿，那时他是这城堡的主人，他让我每天日夜不得安宁，要我嫁给他。我拒绝他，对他说不愿再看到他，他就把我扔进了这个可怕的地洞里。从此之后，他每三天送来一些面包和水，同时问我是不是已经改变心意。我从没改变我的心意，他就让我这样一直待在地洞里，一直到被你发现。"现在同情与爱怜，再加上王子早在第一眼就喜欢上她，王子已经抵挡不住爱情的魔力，他对公主说："你拒绝了白发老头儿，现在请接受我的求婚，没有你，我再也活不下去，如果你不愿意，我也不会要别的女人。"美丽的公主当然觉得王子比白发老头儿好，她天真地回答："我也爱你，除了你，我不会嫁给任何人。"他们热情地吻着对方，然后兴高采烈地到王后面前，告诉她事情的经过。听到这一切，王后当然心如针刺，现在她更加痛恨王子。她假惺惺地说："啊，我真是太高兴了，你能找到这么美丽有德行的新娘，我的儿子，我能有这么一个漂亮的媳妇，这世界上没有比这个令我感到更幸福的事了。现在开始准备婚礼吧，我的孩子，我会打点一切。只要你们幸福，就是我最大的快乐。"她紧紧地拥抱王子和美丽的公主，但是她内心里想的却是：等着瞧，我要向你们报复！这时公主开口："我们不能在这里举行婚礼，我们可以在我父母亲那里举行，我必须先回去见我的父母，我很想念他们，而且他们一定很担心我的下落，让我先回去见他们，王子可以随后跟来。"王后答应，说："我现在更喜欢你了，你真是个好女儿。就这么办吧，我和我的儿子一年之内就到，到时我们举行盛大婚礼。"但是暗地里她想：现在只要你走了，我就解决他。很快王子就命令人准备好了船，三天之后公主就出发了。而王后早就收买了船长，让他用计谋要公主嫁给他。

当船到了大海上，船长到公主面前要赢得她的芳心，但是她严厉地拒绝了。这时船长说："你有两条路可以走：第一，嫁给我，然后告诉你的国王父亲是我救了你；或者第二，我把你扔进海里。你有三天考虑的时间。"当公主独自一个人的时候，她跪下祈求上帝拯救她脱离险境。这时她突然想到一个好主意。第三天当船长又来问她的决定时，她说："我需要一年的期限，然后就举行婚礼。"船长满意了。船靠岸了，船长带着她来到她的父母面前，他告诉他们，他如何把公主从黑暗的地洞中救出来然后向她求婚。国王和王后看到女儿能回来，十分高兴。他们马上就答应了公主的婚事。这时公主开口说："我在地洞时曾发誓：只要我能被解救出来，就要专为那些可怜的流浪汉和朝圣者开设一间旅店，免去他们的食宿费用，而且我要亲自侍候客人。我现在须履行誓言。"国王坚决反对，他认为身为公主做此事低贱不体面；但王后却说："对上天的发誓不可以毁约，否则要遭到报应。为她开设一间小旅店，让她履行自己的诺言，这对她不会有害处。"不久，路旁的小旅店就盖好了，过往的旅人及朝圣者有了歇脚的地方，他们为虔诚的公主祈福，祈求上帝保佑她。现在就让公主在旅店里，让我们来看看王子的情况。

自从公主离开之后，王后不知道该如何处决王子。她对白发老头儿说了她的心事，白发老头儿答应帮她忙，但要她必须答应嫁给他。王后立刻就答应了。老头儿对王后说："想办法让王子到狮穴里，狮穴就在城堡的壕沟里，到了那里狮子就会把他撕裂。"就这样王后躺在床上假装病危，王子十分忧虑，一再问，自己能为母亲做些什么？王后说："啊，乖儿子，有一个办法可以让我快点好，但是这太危险了，我不要你受到伤害，我宁可死。"王子说："我不怕危险，亲爱的母亲，只要能挽救你的生命。"王后说："你真是个好儿子！听我说：如果能把一只幼狮放在我胸上，吸收它的能量，我就会慢慢康复。"王子一听马上就到狮穴，他毫不畏惧地走进去，因为他高贵的血统，狮子不敢动他一根寒毛，那些老狮子就任他行事，当他抓起一只幼狮的时候，母狮对他咆哮并且站起来，但是王子用锐利的眼光看着它，它便立刻躺下。王后把幼狮放在胸前，然后说："我觉得好多了，我可以感觉到身体又有了新的力量。"当幼狮开始不耐烦地伸出爪子乱抓的时候，她大叫："够了，把它拿走，把它杀了，我受不了了。"王子挪开幼狮，然后说："为什么要杀了这可怜的小东西，不是它救了母亲的命吗？是我把它带来的，我要把它还给它的母亲。"于是他又把幼狮抱回狮穴，母狮看到自己的孩子回来，高兴地叫唤。

这个计划失败了，王后只好再次找白发老头儿商量。老头儿说："现在只有一个办法，你设法脱下他的白衬衣，他就没有了挥剑的力量，那他就得乖乖听我们的话了。"于是王后准备宴请很多客人，她对王子说："你让我的病痊愈，乖儿子，我摆盛宴庆祝，来，坐在我身边，让我们好好庆祝。"王子高兴地跟着她到了宾客云集的大厅。当宴会快结束他正和客人高兴地聊天的时候，王后偷偷在王子的酒杯里下了迷药。然后，她举杯对着客人大声说："干杯，敬我的儿子！是他救了我的命。"于是，王子举杯一饮而尽。不多时，客人纷纷离开，王子觉得非常疲惫倒头便睡着了。现在，王后和老头儿偷偷溜进王子的房间，王后脱下他的白衬衣让老头儿穿上。然后老头儿递给王后一把刀，并且对她说:"现在把他的左眼挖出来。"王后照他的话做,接着他把王子的右眼也挖出来,最后他们把王子扔进了狮穴。

剧痛使王子惊醒过来,现在他才看到他的母亲有多虚伪,而且他听到了老头儿得意的笑声。当他感觉到自己被扔进狮穴里时,他心里倒觉得快活,因为他相信狮子一定会马上把他吃了。这样正好,他一点儿也不想活了。但狮子并没有把他吃掉,而是那头母狮走到他面前悲伤地咆哮,那些幼狮也走过来舔他的眼睛,一直到伤口痊愈。每天母狮都会带给王子一块肉,把肉放在他的膝盖上,他就这样生吃那块肉,这是他仅有的食物。那肉是狮子通过一个地道到森林猎回来的,有一天王子在洞穴里摸索前行,发现了这一条地道,他爬进了地道,很长一段时间他觉得空气混浊,但是慢慢地他觉得呼吸越来越轻松,最后他察觉通道变宽了,迎面而来的是新鲜的森林空气。他听到小鸟在树上啼叫,小鹿在林间跳跃,感觉到温暖的阳光洒在脸上。他下跪感谢上帝让自己得到解救,然后继续往前走。一直到傍晚的时候,他听到远处的海浪声,他随着声响往前,最后终于来到了海边,这时海边正好有一艘船靠岸要取干净的水,那船长看到这瞎眼的年轻人孤身只影很是同情他,便问他愿不愿意上船一起走。王子说:"我当然愿意,否则在这里我只会饿死。"然后他上了船。在船上,好心的船长非常照顾他,他的精神一天比一天好。最后船又靠了岸,他满怀感激地向船长告别,慢慢地继续上路。

有一天,他来到一个大城市,在城门口他听到一个女人的声音:"请进来,这里供贫穷的旅人和朝圣者吃和住。"他伸出手让人带进那旅店,他得到了一顿丰盛的食物还有一张舒适的床。他正要上床睡觉,那女人来到他面前,坐在他的身边,问他:"说一说您的故事,这就是我要的报酬。"王子答道:"那我最好还是不说，因为我的故事太悲惨了，但是如果您真的要听，我还是可以说给您听。"于是王子开始从头到尾把自己的遭遇慢慢道来。那旅店的女主人越听越专注，直到他说，他是如何把一位美丽的公主从地洞救出来并且和她立下婚约，这时她抱住他，流着泪说："我的新郎，我又找到你了！"当王子告诉她，他的母亲和那可恶的白发老头儿如何加害他时，两人悲喜交加。美丽的公主看着王子凹陷的眼，潸然泪下。等他把经过说完，她为他穿上华丽的衣服，然后把他带到国王面前说："亲爱的父王，今天是我这一辈子最美好的一天，因为慈爱的上帝把真正拯救我的人，也就是我唯一想嫁的人还给了我。"然后她让王子告诉国王整个事情的经过。国王虽然相信他的话，但是当初重获女儿的喜悦已经过去，他很不高兴，公主竟然要嫁给瞎眼的王子。然而毕竟一个王子总比一个船长好，而且东窗事发之后，那人早就逃之夭夭了。国王命令人在王宫花园的一角盖了一座小城堡，婚礼也只秘密举行，婚礼之后王子和公主住进那座小城堡，从国王那儿他们只能得到吃的，至于衣服他们得自己缝制，因此公主必须得日夜织布。

那些宫廷大臣对这婚礼可不高兴，因为王子没办法给他们盛大的宴会，他们对这个很在意。而那些舞会也被取消了，他们的太太非常重视这些舞会。况且他们一点儿也不希望服侍一个瞎眼的国王，于是他们阴谋要炸掉王子和公主住的小城堡，而且要尽快。

一天傍晚，他们两人走出小城堡，到他们的小花园散步，享受清凉的空气，他们在一棵巨大的菩提树坐下。这时王子把他身上仅存的财物，也就是从城堡得到的那只金戒指，从手指上脱下来，含在嘴里，因为他想打发时间，想到可以听听小鸟们说些什么。这时有三只乌鸦飞到菩提树上，它们开始聊天。第一只乌鸦说:"我知道一些你们一定也很想知道的事。"另外两只乌鸦问:"到底是什么事?我们也知道一些事。"第一只乌鸦说:"对面在村长那儿有一匹马死了,味道一定不错。"接着第二只乌鸦开口说:"我还知道别的事,如果坐在下面那两个也知道,他们就不会坐在那儿了。""什么事?"另外两只问。"今天晚上10点钟他们住的小城堡就要被炸毁了,那些宫廷大臣正在准备。"这时第三只乌鸦说:"我知道一件事,如果下面那个瞎眼的王子知道了一定是第一个高兴的!""什么事?"另外两只问。"今天夜里在11点至12点之间,天上会降下露水,谁要是拿那露水涂眼睛,马上就可以看得见东西。走吧,我们去找那匹死马,免得被人抢先了。"说完它们就飞走了。

王子又把戒指戴上,然后对他的妻子说:"走吧!我们到森林里去散散步,夜色这么美。"于是妻子跟着他走进森林,他们走了不到一刻钟,天边便出现闪光,发出巨响,仿佛几百具大炮一起开火。公主差点吓晕,然而当王子告诉她真相时,她很庆幸。两人一同感谢上帝的保佑,便躺在一棵大树下过夜。公主很快就入睡了,而王子一直醒着。过了12点,他在地上摸索,搜集草上的露水,并且用它擦洗眼睛。每次擦洗,他就觉得眼前变得更亮,到了第三次擦洗完,他看见了月亮,看到月光穿透树林,他也看见了自己心爱的妻子,看见她躺在皎洁的月光下。他欣喜万分地亲吻她,她醒了过来,看见自己的丈夫,她几乎认不出他,他用明亮的双眼含情脉脉地注视着她。接着他又把露水装进他的水瓶,然后挂在脖子上,因为他想:谁晓得我是不是又用得着。就这样,在这大不幸中,他们找到了更大的幸运,现在他们虽然贫穷但感到十分满足。然而,他们的苦难还没结束,还有更多更苦的考验正在等待他们。

第二天早上，他们继续往森林里走，他们靠树根和药草维持生命。因为公主原本就不习惯走这么多路，她很快就累了。到了快中午的时候，他们在一棵橡树下休息，公主把头枕在王子的大腿上睡着了。他陶醉地看着她美丽的脸庞；这时他看见她脖子上挂着一个打了结的小袋子，他轻轻地打开它，看见里面有一颗红宝石，他很喜欢，于是轻轻地解开带子，把它拿在手上玩赏。他想把它拿到阳光下观赏，所以就暂且放在身边的草地上。他轻轻地从自己的腿上挪开公主的头，把她的头放在树叶和青苔堆成的枕头上，他很快就弄好了。

当他转身正要拿那颗宝石时，飞来一只乌鸦叼弄起红宝石。他马上跃身起来要追那只乌鸦，这时乌鸦飞起，然后远远地飞向一棵树停下。

王子追乌鸦，而且拿起石头掷向乌鸦，那只乌鸦就从这一树枝跳到另一树枝，从这一棵树跳到另一棵树，直到最后消失在树丛中。王子很沮丧地想循原来的路回到妻子身边，而他迷了路，越走越进入森林里，而且越来越觉得没有希望。这时迎面走来一个看起来有身份的大爷，他就向他问路，想找到那棵橡树。然而那位大爷也不知道，他说："这样的树在森林里有几千棵，你一定找不到了，跟我回去就不会错。"于是，他就跟着那人回到一栋美丽的白色森林房屋。屋子里有11个小伙子坐在一张大桌子旁边，桌上摆满吃的喝的，他们吃吃喝喝，玩得很快乐。那位大爷对他们说："现在数目终于完整了，你们总共12个人，你们就在这儿待一年，有吃有喝的，你们可以尽情享受。但是一年之后，你们必须解开我的三个谜语，谁能解开，我就给他一个永远不会空的荷包。而如果办不到就必须死。"说完那11个小伙子便欢呼并向大爷敬了酒。他们就这样吃喝玩乐了一年。他们经常要王子也加入他们的行列,然而王子通常很安静,一个人陷入沉思,他吃得很少,喝得很少,更是很少开口说话。他一直挂念着他可怜的妻子。现在让我们来看看她的遭遇。

当她醒过来之后发现她的丈夫不见了,她大声地喊叫他的名字,当然没有用。突然她发现脖子上的小袋子也不见了。她想:莫非他偷了我的宝石远走高飞了?除此之外她还能怎么想呢?这想法让她非常悲伤,她要不是虔诚的教徒,早就轻生了。她决定把自己的命运交到上帝的手上,她吃力地继续往前走,穿过森林,终于到了海边。岸边停靠着一艘船,那艘船收留了她,她就这样随着船航行了好几个星期,最后停泊在一个陌生的国家。上了岸之后她继续往前走,一直到她看见远方的一座城堡,她走近城堡一看才发现,那正是王子当初救了她的城堡。她很高兴,心想她的丈夫可能在里面,只要他看见自己,就不能把自己赶走了。就这样她走进城堡,要问王子的去处;那些仆人正要告诉她关于王子悲惨的遭遇,这时王后出现并认出了她。"唉,是你,你怎么会在这里,你究竟要找什么?"这邪恶的女人问。于是公主就告诉她,她如何历尽千辛万苦寻找在森林走散的丈夫。"跟我进去吧,"王后对她说。公主跟着她进去,门就锁上了。王后叫来了白发老头儿,他们一起把公主抓住,到了晚上,他们把公主的眼睛挖出来,然后把她扔进了狮子洞穴。"你可以在这里找到你的丈夫。"他们大声地嘲笑她。但是那些狮子并没有吃她,那些小狮子舔她的眼睛让她的伤痊愈,那些大狮子替她找来吃的东西,她就这样活了下来。

一年很快就要过去了,森林房子里的小伙子们根本没有人去想谜语这件事,只有王子一直惦记着这件事,他不断地猜测着这是什么样的谜语,但没有发现任何蛛丝马迹。有一天傍晚,他坐在森林的一棵橡树下，这时飞来三只喜鹊停在树梢上。王子心里想，它们会聊些什么？于是他把戒指脱下来含在舌下，然后倾听喜鹊说话。"嘿沙，兄弟们！"其中一只叫着："明天我们又可以大快朵颐了：11个肥小子，1个瘦王子。""什么意思？"第二只问。"明天他们必须解那三个谜语，而他们什么也不知道。"第三只喜鹊说。"你们知道？"第二只问。另外两只同时大声说："是的，是的，我告诉你，不，我告诉你。""你先说。"第二只说。于是第一只开始说："第一个谜语是：那屋子是什么造的？第二个谜语是：那些吃的是哪来的？第三个谜语是：为什么在那屋子里从来没有黑夜？""现在轮到你说。"第二只说。于是第三只开口："那屋子是死刑犯的骨头造的，那吃的是来自国王的餐桌，至于屋子里为什么没有黑夜，那是因为魔法师变成的乌鸦在森林里偷了王子的红宝石，现在那宝石就挂在天花板上，宝石的光照亮了屋子。"聊完了之后，它们拍拍翅膀飞走了。王子听完，很高兴地松了一口气，躺在树下睡了一年来第一次的好觉。

  第二天早上11个小伙子又围着桌子大吃大喝，这时那位大爷又来了，远远地就从森林传来他的声音："现在，你们这些小伙子们，排成一列！解谜语的时候到了！"11个人高高兴兴地排成一列，王子站在最后一个位子。那位大爷问："这屋子是什么造的？""砖头造的。"第一个说。"碎石头造的。"第二个说。"用木头和黏土造的。"第三个说。就这样一个接一个地说了答案，最后轮到王子，他说："是用死刑犯的骨头造的。""你说对了。"那位大爷说。"现在再告诉我，那些吃的是哪来的？""从小饭铺来的。"11个人异口同声地说。只有王子说："那吃的是来自国王的餐桌。""你又猜对了。"那位大爷说。"现在猜第三个谜语：为什么在这屋子里，夜晚时也像白天一样亮？""因为有一盏灯。"11个人又同时大声说，但是王子说："因为你偷了我的红宝石，把它挂在天花板上。""你全猜对了，这个永远不会空的荷包是你的。"那位大爷说，并且把荷包给了王子，然后把其他11个人的头砍了下来。这同时王子进了屋子取下他的红宝石，继续上路。他走出了森林，最后走到海边，他在附近的港口租了一艘船，准备回到他母亲住的城堡。他心里想：我在不幸中还能碰到这么多的幸运，谁知道，也许我可以赢回城堡，还有我的妻子。

  当他到达城堡附近的时候，天已经黑了。他把自己打扮成水手的样子，然后走向城堡。他小心翼翼地偷偷爬进城堡。等大家都熟睡之后，他爬上屋顶，从一个烟囱溜进白发老头儿睡觉的房间。他第一眼看到的是那件白衬衣，它就放在那个金造的圆桌上。他穿上白衬衣，然后取下墙上的剑。他巡视了房间，就像第一次，白发老头儿就睡在原本的那张床上，王后就躺在他的身边。王子挥了三次剑，那些仆人马上就出现了，他们很高兴地欢迎主人的归来。"把这两个人绑起来像畜生一样关进笼子里！"王子大声命令，仆人照着办。王后虽然又想用一些花言巧语和诡计哄骗儿子，但是这次她没有得逞，被绑着扔进了笼子里。

  那些仆人告诉王子的第一件事就是，公主来这里问过他的下落。他心中顷刻燃起新的希望，他派人去问王后公主的去处，但是王后不肯说，在从前的地洞里他也没找到人。在悲伤中他突然想起他要好好感谢那些狮子的救命之恩，于是命令仆人宰了牛，并且把肉装在大盘子里。仆人端着肉跟在他的后面来到狮子的洞穴，他要亲自喂狮子。"天啊！"当他打开门的时候，他看见自己心爱的妻子被挖了眼待在里头！他连忙奔向前拥抱她。这又是许多不幸中的一次大幸！他小心地领着妻子进了城堡，然后用他搜集在瓶子里的露水替她擦洗眼睛，她看着他笑得多美啊！现在两个人终于苦尽甘来，幸福地在一起。他们举行了一次又一次盛宴来庆祝他们的重逢。他先写了一封信给他的父王，告诉他所有事情的经过；然后带着心爱的妻子回到老国王那里。他让把关着王后还有白发老头儿的笼子随后送来，然后把这两个人交给父亲处置。国王于是命令人把他们活活地烧死。王子继承了父亲的王位，随后又继承了妻子的王国，再加上城堡所属的领土，最后他成了三个国家的国王。

我之所以会采用这个治疗的方式，是因为当我偶然读到这个童话的时候，我惊讶地发现，梦和童话的情节竟然这样相似。

之前我叙述的三个梦，包含了三个在童话中也出现过的情节：

——在海上失去方向；
——落到白发老头儿手上；
——被关进狮子的洞穴里。

很明显地，这个童话的主题就是他人生的主题：

——他是一个被欣赏的年轻人；
——他和母亲关系很近，母亲很赞叹他；
——他有把女人"拖出烂泥"的倾向。

而且我也觉得有必要让治疗有些进展，这时应用童话是很适合的，尤其是找到能打动接受治疗者的童话。除此之外，借由童话可以让彼得主动去寻找解决问题的方式，而不是等待别人给他答案。

当然也有可能我们将童话带入治疗过程的时候，而童话中主角的行径无法让被治疗者接受。如果是这样，我们可以暂且"忘记"这方法，等到有适当时机再说——或者也可能完全放弃。我们必须常常考虑到，身为治疗者对这种治疗方式虽然寄予希望，但是在被治疗者不接受我们所建议的方法时，我们也必须能忍受失望。

彼得对这个童话的反应是：他觉得我为他找出他个人的童话非常用心，这则童话道破了他心中的问题，同时也令他非常不安。

诱　惑

他非常惊讶地发现，这则童话的开头和他在家的情况很相似，尽管他的母亲绝对没有对他提出性方面的要求，但是她确实是想把他占为己有，不愿意让他离开自己去过独立生活。在这种情况下，他经常"流连在他的幻想世界中"，他虽然视此为财富，但是在外面的世界他却没办法善用。对一个原本有正面母亲情结的人而言，这是一个典型的困难。这情结让他流连在一个什么都可能的幻想世界，他觉得非常悠然自得，根本就不会觉得有必要去面对外部邪恶的世界。人的潜意识会如此地固着，只有在儿子缺少可以认同的父亲的情况下才会发生。

乱伦不一定要只从性的方面来看，我们可以把它视为一个超过预定时间的母亲情结的固着。我们也可以再一次对其象征含义做深入的思考。

在这则童话中，做儿子的拒绝与母亲发生关系，这时候发生了决定性的转变。这个第一次的"不"，是要和母亲划清界限，是要离开她的第一步。在童话中这个界限划定之后，一个城堡出现在眼前，也就是说，新的生命资源、新的生活可能出现。彼得认为这个"不"，他在现实生活中也已经说出。他从家里搬出去，爱上了别的女人，但是他也知道，他仍然很喜欢沉湎在幻想世界中，然而却没能把这一些幻想带进日常生活的世界里，因此产生了迷失方向的感觉；事实上，他是有雄心大志的人，他希望自己能做大事。但是在他的想象中常常觉得母亲想偷看他在做什么，这让他很困扰。譬如说，当他写剧本，如果剧本有明显的暴虐人物的时候，绝不能让母亲看到，否则她会被吓坏。因此他所写的这些剧本，通常也都只保留残篇。

这个在童话中非常重要的"不"，在彼得的生活中只讲了一半，这点他自己也知道。这个"不"也不是讲一次就行了，更重要的是，在正确的时机、正确的地方要一再地表达出来。

想　象

在童话中王子说了"不"之后，就必须同时开始探究城堡。首先他发现了一张神秘的圆桌，从它的形状就可以看出这是一个圆满、珍贵、中心的象征。在这个地方，彼得说他有过类似的经验，虽然他也起了头，但是他不敢抱希望，这也说明，对未来要走的路，到现在为止，他还没有足够强烈的想象（Vision）。

童话中在这个地方，已经显现王子对独立自主生活的想象。白衬衣可能要表达的是"做自己"，这给他力量；剑表示的则是战斗力和决心；至于戒指代表的是所有尘世的与天界的联结，也就是和精神灵魂的联结。那些与圆桌相关联发生的事件，使人对完整圆满产生想象，激起完整圆满的理想。这是他在接下来的人生路途上必须奋斗实现的。

但是首先在童话中，他很简单地获得了想象。而且这想象给了他力量，给了他新的生命，就好像他变了一个人一样。想象能够唤起整个新的力量。他切实体会到，要当个英雄，他必须走一条不寻常的路，这条路联结了尘世和超世俗。其实大部分人都有这样的想象，即使不像在童话中那么神奇。他们会突然"知道"，他们应该如何去实践自己的人生道路，他们会突然被对生命的想象激发。这个想象赐予人以力量，让人觉得自己在人生中可以完成大事。他们开始一步一步地去实践，在途中他们常常会忘记原本的理想，或者觉得其没有价值而放弃，认为那不过是年少轻狂时的梦想。彼得真的不曾有过想象？这一部分的童话情节令他着迷，即使他从来没有这样的想象，现在他可以重新体验幻想。彼得重新诠释这则童话对他的意义：那白衬衣对他来说，代表他终于可以穿上一件真正属于自己的衬衣，也就是说，他可以做现在的自己，而不是将来有一天他想成为的那一个人。这让他获得了力量。他不想要有一把剑；但是他当然希望自己在正确的时机能行动果决，是体谅人的，而不是残酷的。然而"文字的影响力"，他绝对想要的也就是文字的力量。拥有一枚戒指，对他而言，意味着他相信自己可以就自己所知的，沉醉在一个尘世与超凡结合的世界观中；对他而言，事实上超凡要比尘世重要得多；他认为也许这戒指代表超感官的知觉能力。

我问他，他被童话这个部分吸引的感觉如何。必须问这个问题的原因是，只有在想象真的能给我们力量的时候，我们才能相信这个想象。我们必须把它和空想的错觉分清，否则只会浪费我们的生命能源。在童话中，像这样的部分并不一定真的会打动一个人。但理所当然的，我们还是希望被打动而从中获得意义。在治疗当中能体会到自我感觉的改变，这样的经验才会是深刻的。但是这样的经验无法强求。如果我们在正确的时刻找到正确的影像，这影像在这个时刻表达出我们的心理的真实，则虽然这影像是从外面获得的，但我们还是可以将它内化成为我们自己的。它可以令人沉迷，同时也可以把"封闭在原型中的希望"[51]释放出来。

彼得试着将他的想象如电影的画面一样影像化，他觉得自己变得有活力，并且充满希望，也比以前果决。就某种意义上来说，童话的想象也已经变成了他的想象。

与母亲的第一个冲突

在童话中，王子通过想象的经验，自发地踏出自主独立的第一步。我们可以看见生命力的增长：整个城堡"醒过来了"，仆人醒过来听从差遣，这里让人想起《睡美人》的情节，这意味着王子身上沉睡的部分现在被唤醒了。

王子首先派人去接母亲，这样做是对的，因为如果他就这样丢下母亲，问题也不会解决：像这样的问题会一再地被看见、被想到，而且不断地增长，它不是一次就能完全得以解决的。

然而，这个母亲的问题是，她惊人的爱已经转变成可怕的恨，虽然她自己可能也不清楚。我们认识这种情绪变化，尤其是从那些看事情不是白就是黑的人身上，他们无法接受人生的模棱两可，无法接受所有事情都有黑白两面。童话中的主角也可能在某种程度上处在变了色的母亲情结中，他也必定在失望之余滑落到一个基本目空一切的态度，然后不是发誓报仇就是想自杀。

但是如果我们视这女人为某一类母亲的典型，也就是被儿子拒绝的母亲，我们可以看到她如何转爱为恨，如何沉溺在"占有"的法则中，而当她不能占有儿子的时候，她就想毁了他。她不能接受悲伤的感觉，更不能承认罪恶感。原本这些感觉是可以让她免于湮没在毁灭性的憎恨中的。

一个母亲的失望我们也是可以理解的，虽然童话中所描述的，可怕得令人难以置信。正因为违反乱伦的禁忌受到严重的批判，以至于乱伦欲望的必定存在变得过分突显。但是如果我们仔细想想那些在类似情况下的女人，她们想占有儿子，通常在这背后都有原因：因为对伴侣的失望，而想通过与儿子的关系得到补偿。儿子对父亲常有竞争的心态，因此刚开始儿子通常也很乐于扮演一个更好的丈夫的角色，正好也满足母亲。在谴责母亲想占有儿子的欲望背后，从客观的层面也可以显示出，她们与丈夫之间没有维持好的关系，试着在与儿子的关系上修补。借此她们抱持一个希望，希望与异性的关系终究能够有个好的结局。如果在这种情况下，儿子从母亲那里逃脱，就会彻底地显示出这问题是在一个错误的层面上被解决的。而被离弃的愤怒是有理由的，这在所有脱离的历程中是不可避免的。除此之外，伴随的当然还有母亲对自己愚蠢的愤怒。幸好，像童话中这个具有绝对毁灭性恨意的母亲，其实并不常见。

彼得觉得他的母亲并没有恨意，倒是有些听天由命，甚至因为她几乎没有什么可以与儿子分享而感到悲伤。彼得现在清楚地认识到，实际上并非母亲的期许阻止他去做他想做的事。那是一个他也无以名状的约束，那东西像大海，很悠游又没有太多结构，但也有一点令人害怕，同时令他丧失活力。除此之外，他什么都想要，这让他错失了很多东西。这恰恰与他不愿意放过任何机会的倾向也有关联。彼得的母亲不想毁灭彼得，但是她有太长的时间不给彼得自由，而彼得也有太长的时间没有为自己的自由而努力。他体验到的母性是有毁灭性的，因为母性导致他迷失方向、被动、要求供养的心态。

在这里我们看到，童话中的母亲角色和现实中母亲角色的差异。这当然是很常见的，但正因为这样，通过童话人物的对比，我们能更清楚地描述、察觉与父母亲的关系以及对父母亲的印象。应用童话做治疗有一点必须记住，不必强求童话与真实的生活一致；童话只是刺激，只是一面反映我们生活的镜子，借此我们也可以比较我们的人生与童话的异同。

与白发老头儿的第一次冲突

在城堡里还有一个具有破坏性的白发老头儿，他陷在沉睡中几乎叫不醒，这一面也通过新的状况而被唤醒。首先，他是买下年轻公主的人，因为公主不顺从他，因此他把她扔进肮脏的地洞中，让她在肮脏的地洞里受折磨，这是一幅残酷的画面。

特别引人注意的是，白发老头儿也想和年轻的女人在一起。综观整个童话会发现，那些上了年纪的人物都想再一次主动抓住人生，他们无法放手，无法把人生的棒子交给下一代。这很可能也是因为，他们在自己的人生里没有得到满足的缘故。

我们当然也可以把白发老头儿视为父亲的形象，他是童话中的男主角，我们必须面对。虽然在这里，我们有一个负面的父亲形象，这一面他很可能没有经历过。在童话中他的父亲被描写成兼具各种美德的典范。在与白发老头儿的冲突中很可能也隐藏着俄狄浦斯神话的第一部分，纵使儿子试着不活在神话的形式下，我们还是可以从童话的背后隐约看出。在神话中，与父亲的敌对，是以杀死父亲表达出来的。

从个人内在心理的层面来看，白发老头儿代表的正是个人邪恶的一面，这一面本质上比主角实际年龄要大，而且只要是他脱掉白衬衣，也就是只要不再是自己，就会受到这一面的影响。白发老头儿象征强有力的一面，也就是想把所有一切置于掌控下的一面。

首先我们看到，在童话中白发老头儿对待女孩的态度：她不照他的话做，就被下放到肮脏的地洞中。在这里，女性一不顺从，就被贬得一文不值。这符合上一代人普遍的男女关系的情形。女人必须顺从男人的意志，否则就会被惩罚。王后原是个较独立自主的人，很可能由于这个原因，所以才在角色的允许下被描述成这么负面。从象征的意义来说，女性、情欲、性欲，总之也就是感官的，全被放到肮脏的地洞里了，现在年轻的王子决心采取对付的行动：他要老头儿放了女孩。

在彼得的梦中我们也看到了白发老头儿。对于童话中的白发老头儿，彼得非常气愤。在他的梦中，白发老头儿同时有老人和年轻人的力气，用童话的语言来说，就是他身上还穿着那件白衬衣。彼得很清楚，因为他的不够果决，他并不是真穿上那件白衬衣，因此他给做父亲的人和他的父亲以太大的权力。

现在他了解了他与女人之间的关系。在这些关系中，他太重视把女人"从烂泥中"拉出来，这也是对他自己的父亲行为上的改正。一直到现在，他总是把自己的行为当作父权制度的改正，简短地说就是：父权制度把女人推到烂泥里，他必须弥补。现在附加的他突然又发现，事实上他的父亲就是视女人为粪土，对待他的母亲也一样。也就是从这里他把对抗父亲的行为视为他人生的任务。

然而，白发老头儿也可能代表他内心的一面，这一点他也察觉到了，尤其当他对自己的努力开始感到矛盾的时候：一方面，帮助女人真的是他的愿望，但另一方面，他又不是真的能允许她们独立自主。突然间，他看到面对自己霸权的一面，察觉自己究竟想如何帮助女人获得她们的权利，这是一个他很可能在无意中从他母亲那里接过来的任务。他也觉悟到，他如何想决定那些权利的形式，最后真的只给那些女人极少的自主权。他如何将自己需要帮助的一面，转嫁到那些女人身上，这也变得越来越明显。在这种情况下要建立关系是不可能的。重要的是，他也必须认识自己需要帮助的这一面，并且学习接受帮助。

彼得听到——用童话的语言来表达——女人的呻吟声，而很显然他也有一把剑，可以暂时制止住白发老头儿，但是无法长久。

与女人的第一个关系

在童话中的故事显然还没发展完整：王子与公主许下诺言要结婚。此时故事中第一次出现因为爱而产生的关联，现在再也没有人受逼迫。

因为与这女人的关系在童话的发展中是重点，我要特别从寻得爱情关系的观点来解读这个童话。当一个年轻男人太受制于母亲的魔力，同时占有的原则又占优势的情况下，母亲当然不肯轻易放手，这时故事会如何演变便是重点所在。因此，我也视这女孩是王子面前的真实人物，跟她的关系是王子建立真实关系的可能性。当然我也可以将她视为王子所重视的迷人的女性特质。

现在王子看到的，不再是被关在肮脏地洞里的女人：被描述成被关在肮脏地洞的女人，通常正是因为她们太迷人。在这种情况下，为了避免母亲还有女人过于危险，干脆把女人一律贬值，这种态度我们在青春期的少年身上也常看到。

但是王子感受到对这个女人的爱意，而且想和她结婚。这爱情首先维持不久：女孩想先回家去见父母。王子很快替她准备好船只。他真的希望她尽快回来吗？或者他也发现自己可能有点操之过急，非常感谢有个缓冲？看起来似乎是，两个人都还有些害怕如此快速地决定这桩婚事。

王后当然乐见这样的发展：她原本就想毁了女孩和儿子。母亲情结现在统治着两个人，才前进了一小步，负面的母亲情结马上就产生了。

公主当女店主

王后送走女孩并且买通船长，然而计谋并没有得逞。女孩在绝望中向上帝祷告，幸而终究想到自救的办法。她转向伟大的天父——而且暂且得到拯救。从她想到的办法中也不难看出，她感觉到她的王子一定会来救她。

但是这年轻的女人首先也还必须发展自主性，第一步是她坚持要开旅店，这对一个公主而言可是革命性的成绩！如果看看她父母亲的态度，就可以明白开旅店这个主意，像童话中描述的，她的父亲遵守外在有效的规则，而她的母亲则重视对上帝许下的诺言。两者都是受父亲情结的支配，而且很可能对真实的人生有些陌生。

国王的女儿现在在旅店里免费招待过往的旅客，她只求他们说自己的故事作为报酬。她现在扮演的是一个供给的母亲角色，发展她母性的特色，同时克服某种对人生的陌生。现在她接触到真实人生的面貌，从主观的层次，也就是以个人内在心理的角度来看，意味着她学着如何从不同的角度，像母亲般地对待自己各方面的特质，去看，去供养，然后再次忘记。这关系到认识人生的各个面向、各种可能性，而又不强求占有的问题。我们当然知道，女孩现在必须发展她的母性态度和立场，好将其带入之后的关系中。

王子、母亲以及白发老头儿的关系

在这个期间，城堡中发生了可怕的事：白发老头儿还有怀恨在心的王后，为达至共同目的而结党，他们一定要让这年轻人死。母亲认为只有这样，她才能消除心中的恨。白发老头儿大概也一样，因为王子抢走了女孩，而且羞辱了他。现在出现了一个典型的情况：一小步的独立自主已经达到，人原本以为已经弃至身后的东西，现在又以原来的强度卷土重来。他又掉进了母亲所设的圈套里，她要把他留在身边，然后毁了他。

首先她假装生病，声称只有幼狮能救她的命。王后的确是病了：因为觉得受到凌辱，憎恨和顽固在她身上爆发。装病虽然只是计谋——儿子被诱到狮子的洞穴里，狮子应该会吃了他——但这样的计谋不仅是在童话中，在真实的人生中也常常适得其反——你被派去替人完成某事，但同时却获得对人生很有价值的东西。而那些必须被带回的东西，从象征性的意义来看，这通常是具有治疗效果的。如果我们想从个人的层面来看，在这里治疗是针对母亲与儿子。

狮子在神话学中——特别是在埃及——是母神（Muttergottheit）的护送者。它们表现的是像猫般的一面，象征的亦是本能的生命力，与此同时，正是这种像猫的特质，让我们注意到这力量的自主性。狮子正是一种有力量而又懒散的动物；它们身上有着不受约束又很有自信的能量，它们只有在紧急的状况下去展示这能量，也只有在这时候能量才会明确地显现，而且被用上。所以说，如果王后想起她深层的生命力，或许就能放弃心中的恨。当王子去抓幼狮的时候，也就是他发掘自己内心能量的时候，当然也因此是他第一次碰触自己有生命力的一个时刻。

但是，这母亲却没办法接受儿子为她带来的东西，她陷在憎恨当中。现在儿子却受到过度的赞扬，他可能把宴会看作他能够自主又受母亲看重赞佩的奖赏，这是一个原始的期望，期望两者并存。

然而，这个童话却显示王子现在受到严重的威胁。

在每个分离的过程，在每个脱离父母亲的过程当中，或者从主观来看，就是脱离本身的父母亲情结，我们都可以发现典型的分离历程。先是踏出脱离的第一步，紧接着又是一个试图重新接近的阶段，这让分离的脚步似乎又退了回去，一切又恢复原状。然后接着很快重新接近又进入危机，那些促使分离的因素在这个阶段再度被唤醒，而且现在促使分离的必要性格外地清楚，重新接近的危机让分离加速。重新接近让人再一次自觉地去体验分离困难以及诱惑。再一次清楚地感觉这两者，是我们克服伴随分离而来的悲伤的先决条件。[52]

陷落到狮子洞里

当王子以为，在重新接近的阶段，新旧已经以一种对他而言特别有利的方式结合，因此他让人灌醉自己，不再警觉，在母亲和白发老头儿面前像瞎了眼一样。他真的瞎了眼，然后被扔进狮子笼里。面对坏人，他是太天真了。虽然到现在为止，他没能看透他的母亲，他母亲的虚情假意只有我们读者知道——他原本应该直觉到他母亲的虚伪情感，但是很显然他没有。对白发老头儿的信任实在是令人难以置信的天真。王子这种对坏人的天真态度，也是源自正面的母亲情结：坏人被忽视，只有不认识的人是坏人，但是一旦要是有什么坏事发生，他马上就会感到深受伤害，而且变得沮丧。失明的这一幕和彼得的梦有着重要的关联：也许这对彼得瞎了眼，与猫同坐在笼子里的这个梦的缘由投下了一道光？换句话说，问题可能就是：彼得陷在母亲的期许中究竟到何种程度，这些期许阻碍了他追求自主的努力，而这些期许是来自真实的母亲，还是他已经内化的母亲期许？同样有意义的是：在哪里他忽视了白发老头儿的危险性？这些是彼得非常想解答的问题。他觉得自己的梦真的像这童话的一个面；他有一种感觉，这童话说的就是他。这个部分让他想起很多自己的人生是自己让别人"关起来"的情况，后果是他变得很沮丧，然后他在女人身上找到安慰。他记得的情况有一再的共通点，他发现他有多在乎不让人讨厌，有多想得到别人的掌声，不管这掌声是认真的或是敷衍而已。这样的人生态度，当然可以和瞎了眼以及躺在监牢里的影像扯上关联：在这种情况下，人当然不可能真的去看清楚，也就因为这样，人被攫住而且对事情总是抱着偏见。

我们可以把健康的竞争对立、去做一些什么事或者把自我划定的界限看作有建设性的攻击性，现在这个有建设性的攻击性被限制了。这样的态度我们可以称它为"有母亲情结"的自恋（mutterkomplexig narzistisch）。

至于在什么地方他低估了白发老头儿危险性的这个问题，彼得提到这样的情况：有时他虽然完全屈服在权威之下，但事实上只因为他忽略了对抗权威的可能性，而相信每个年纪大的男人都想帮助他。然后一旦他发觉别人是在利用他，或者针对他，要害他，他就会完全对人性产生怀疑。除此之外，只要他想到其他男人都比自己聪明，也会让他痛苦万分。而且他几乎把所有比他大的男人都看作老人、衰老、世故。彼得有强烈的反抗竞争的问题，但是他没看出，也不愿看出。

梦中的猫，还有童话中的狮子给人以安慰，并且保障了生存。这是大自然中深藏的母性功能，就维持生存的意义上来说，这表现在动物的层次上，换句话说，在维持生存所必需的生命情感上（vital-emotional）是可以经验的。但是同样明显的是，纵使在这样一个令人安慰的经验中，人生也是被局限住的，但饱受威胁的时期终将会慢慢过去。

王子首先经历的可能是残酷的陷落：从养尊处优的儿子变成被丢弃的废物，他可能也觉得生不如死。现在，他突然看清母亲的面目，还有白发老头儿的虚伪和丑恶，他只能完全负面地看所有的东西。他深陷在沮丧当中，但是他身上的生命力帮助他活下去，即使他经历了无底的失望。可以做比较的是，那些原本想完全放弃，只求一死，而其肉体却继续活下去的人生状况。一个人的生命力没有那么轻易被熄灭，它仍然坚持活着。

因为王子和狮子吃相同的肉，可以想象他身上如狮子般的一面被唤醒，同时他的坚韧以及多方面的求生能力也被唤醒。我们都知道猫有九条命，这次的劫后余生，基本上还是温柔的因素。王子像孩子般地被接受，这种温情虽然不是来自人类的母亲，而是来自动物。他回归到一个纯生存必需的动物层次，是这温情让他活了下来。

从狮子洞穴到恢复光明

从狮子笼到外面世界的这条路，意味着获得重生之路，那是接近土地的重生。这暗示了王子人格发展的一个决定性的转变，当然与此相连的是新的行为态度的产生。王子不寻常的转变表现在他放弃保护，真的走向未知的世界。这是一条勇敢而且充满挑战的道路，现在他有可能真的饿死，但他甘冒生命的危险，为的是生存。他的母亲已经不能再对他下毒手了。

童话中这一段逃出狮子笼的路，对彼得而言有决定性的意义。在笼子梦之后他就没有再做其他的梦，因此童话中王子走的路对他更加必要。对他而言，从牢笼中走出来意味着真的去冒一次险，即使他仍然觉得沮丧。同时他应该放弃自己筑起的安全感，因为这正是他的牢笼，他应该相信自己。对他而言，这也表示他应该试一次独自走自己的路，他还从未单独生活过，也从未自己照顾过自己。但是首先他必须做的是，接受自己糟糕的情况以及自己的忧郁，而不是透过许多他根本也不是很感兴趣的活动来逃避。

彼得反复思考，这整个童话对他来说，究竟是不是可行的程序表。当然，我们在这个问题中不难看出，一方面他在抗拒这些对他有所要求的情况，但是另一方面我们也看到，在这里我们并非要求他完全要模仿童话的主角，这也不是真的自发的行为。在这类童话治疗的过程中，有一点必须时常考虑到：个人的道路可以在探究童话主角的道路中发现，它可以部分与其重合一致，但不是必要的。

虽然彼得提出他的疑问，这个童话从这个部分开始是否真的和他有关，然而事实上他还是从头到尾扮演了这个童话的角色，尤其是与女人的关系。

我们还是再一次先来看看童话中的王子：随着他离开狮笼，童话中的情绪最低点已经过去了。王子发现一艘船，他信任船长，让船长继续照顾他，而且渐渐远离心灵受苦的领域。现在他被船带到彼岸，经过这个转移，从那里他可以继续走他的路。在船长身上，我们看到了这个童话中第一个对王子表示关心的男性人物，一个的确像母亲一样的人物。王子继续漂泊流浪，最后终于遇到他的未婚妻，现在她们都有可以选择相认的自由。眼下他们只有很短的时间在一起，以至于刚开始他们根本就没有认出对方，一直到她听了他的故事。看来她也有一点眼盲。当她认出他而且和他相认时，也就表示了她的选择。王子同时信任了未婚妻。这个自觉的选择，一方面是对忠实原则的义务，另一方面是信任的原则，这是他们两个人发展出的新的心理能力。

彼得理解这一幕，他明白，对他而言也全靠他自己决定，是否能对一个女人表现出他的迷惘以及无助。他必须找到一个不仅欣赏他的光彩，而且也能接受他的沮丧的女人。换句话说，就是一个能在他身上发展母性姿态的女人。他认为这正是自己的困难所在。那些他"从烂泥中"拉出来的女人，或早或晚可能全都发展出了母性姿态，也看出他的脆弱。但是他就是不喜欢这一点，他希望保持英雄和拯救者的姿态。

对彼得而言还有一幕很重要，也就是王子重见光明的那一刻。这一点也不令人惊讶，毕竟在他的梦里他也瞎了。

克服共同的患难

虽然在童话中王子终于找到了未婚妻，但是我们看到的不是一对散发光彩的佳偶，而是一对患难中的夫妻。他们顶多只是被周遭勉强接受。他们住在一边，他们是边缘人。童话中出现的那些不满的朝臣，显示我们处在一个重视展示华丽外在的社会系统。但是这些朝臣也可以被视为王子与公主的内在特质，这些特质是经由长期他们的生活环境塑造出来的。那些王公大臣是他们内心的一面，而这一面在目前的处境下被贬值了，甚至在这样的人生状况下，生命已经一点价值都没有。

王子得不到任何尊重，感觉不到自己的权势，也没有办法从事任何事，他转向自己，因为这里还保留了一点过去的财富，这财富当然与母亲又有点关联，这已经在开头的想象中表达出来。王子手上还有那枚戒指：他可以转向自己的内心世界，同时转向乌鸦；从他听到沮丧的"呱叫声"中，他才会更清楚自己的生命受到了大众集体的威胁。像他们俩这样的婚姻，在一个讲究显赫的环境中，是不被看好、不被见容的。而在主观的层次上，现在他看到了自我毁灭性的一面，这毁灭性的一面是由于对自己再也无法过优渥的生活的失望所造成的。他必须离开这样令人沮丧的人生状况。同时眼睛复明的希望也引导他前进，离开依赖的处境似乎与新的前景相连接。他们的小城堡被炸毁，其实是一件意外的幸运，否则他们两个人就会在这里蛰伏太久，最后甚至老死在这里。但现在他们有了机会继续成长发展。

那些在夜间 11 点至 12 点之间从天而降的神秘露水，就如同生命之水能拯救人。最后王子的复明是一个奇迹，这在童话中很常见，尤其是当人生的险境得到克服之后。在这里表达了一种信仰：被破坏的东西可以再修复。大自然能治好创伤，在这里是从一点一滴的方式实现的。而最重要的，可能还是王子对眼睛复明预言的信任，还有他搜集露水的耐心。但是他也为未来搜集了露水：他不仅想看见，同时也往前看，而且未雨绸缪。他不再只是期待好事，他也考虑到灾祸。除此之外，他要的是让自己不受困于意外的事故。

现在他们终于可以夫妻相见。在月光下：也就是说他们从潜意识的直觉和情感中相认。在这里，相认也意味着相爱。

彼得自己对这一段的解释是：他必须等待，直到真正的时刻到来，同样他也必须一点一滴地搜集上天的赐予，然后总有一天他会恍然大悟，找到合适的女人。

被解下的红宝石

然而，问题还是没有完全解决。王子看上妻子身上的红宝石，他把宝石从妻子的脖子上解下来，想独自玩赏。说到红宝石，我们想象的是闪着神奇红光的宝石和红色的石榴石。那是一种奇妙的宝石，尤其是在《一千零一夜》的故事中，它总是和神秘的色情还有美好的性事连在一起。

一旦王子把自己的色欲幻想从妻子身上解下来，换句话说，从他们的关系中抽出来，接下来的当然又是分离。他将进入纯男人的社会；公主问自己，他是不是偷了她的东西逃走了。现在占有物以及占有的问题被清楚地提出来了，王子也陷入到强盗团里了。而且事实上，他正和魔法师在争夺红宝石。他正活在一个竞争的角色当中，这个角色也和俄狄浦斯情结有关。现在我们只要想一想，当初他对抗白发老头儿的时候有多笨拙，就可以明显地看出他现在的变化有多大。

彼得说，其实他必须能够同时看到童话中所有的影像，因为他这一辈子其实一直都在强盗团里，只是从来没有人要他解谜题，所以他一直都在享受，并且不必付出生命的代价。

王子能解开谜题要感谢他的戒指，感谢自己的直觉，以及终于有一次能够整体地看一件事情。在王子解开的谜题中，他看清了森林屋的观点，这当然也要感谢他正面的原始母亲情结。但是这拯救人的解答是在一年之后，也就是在他一整年的努力思考之后才得到的。这些答案无非是要告诉我们：人生不可能没有罪恶，即使是在王子的身上也不可能没有罪恶。但是他仍然属于国王，他受国王的供养，他永远不可能忘记他的出身资格。解答继续说明：谁要是把红宝石改作别的用途，谁要是只把它视为男人照明的灯，而不是女人拥有的东西，谁就必须死，不准再活下去。

在狮子洞穴里的女人

现在公主虽然看到王子强盗的黑暗面，但是她还是向着他。然而在城堡里她也瞎了眼，这是他们两个人迟早要面对的问题。根据规则，人通常必须在走过一段漫长的发展道路之后，才能真的有能力去解决自己的根本问题。现在轮到公主陷入沮丧。

她也被扔进了狮子洞穴，掉进沮丧的深渊，然而在这里她体会了求生存的生命力。她也必须经历一个回归生存所需的、身体感官的生命领域。这一点也不足为奇：她的红宝石原本是有些高远，她把它挂在脖子上，而且藏在一个小袋子里。

解决之道

王子现在已经有能力处理事情。他租了船，把自己装扮成水手，从烟囱，从这平常鬼怪和恶魔进出的通道爬进了宫殿，而且他又拿回了白衬衣还有剑，戒指一直都戴在他手上。现在他已历尽磨难，也知道当初的想象是什么。现在他采取彻底的行动，找到他的妻子，也治好了她的眼睛，多亏他当初的先见之明和谨慎；总之他现在又回到了光彩的拯救者的角色。

他把母亲及白发老头儿交给父亲处置。他必须处置这件事，毕竟再怎么说，这事与他有关。总而言之，借此他也把原本非法想从父亲那里接收的东西还给父亲。

童话的最后，王子成了三个国家的国王：他妻子的领土、他父亲的领土，还有属于那黑暗城堡的领土。他的苦难让他磨炼出卓越的能力。然而非常明显地，他统治了他妻子的王国。他毅然地拒绝了受女人统治的诱惑，这表现在对母亲非分要求的拒绝上。那是停留在受母亲情结所控制，而无法完成独立自主的诱惑。

在这里我用情结理论来说明，但是也可以从社会历史的观点来看：俄狄浦斯或许已经战胜以母权为主轴的文化[53]。在母权的社会中，一个英雄杀死了他的父亲（老的英雄）然后和母亲结婚是很平常的事。俄狄浦斯采取的就是这种古老的生活行为方式，因此后来受到质问。在俄狄浦斯的神话中事实上弑父的部分才是重点，其次才是与母亲的乱伦——也就是说权力的部分重于性。

换句话说，这个童话描述了再次回到古老母权制的诱惑。就因为这关系，我们必须看到女人被贬值还有王后的恨，因为她被夺走了权力。这个权力斗争的解决之道在于男女相爱。但是在这个童话中从头到尾都透露着一个信息：丈夫夺走了妻子的权力，特别是他拿走了她的神秘，即她身上具有的色情和性欲的神秘，因为在这个很讲细节的童话中，完全没有提到王子把红宝石还给了妻子。

对彼得而言，这个童话的结局对他目前不再有重要意义。他认为像红宝石这样的事，总是发生在他的身上，但是如果有一天，他能找到合适的女人，这样的事就不可能再发生了。他也批评童话中的王子，认为他实在不必把事情弄得更糟。彼得觉得最后的结局不再与自己有关，是可以理解的。如果由梦境找到相关的童话主题，通常都是只有相关的童话情节部分特别令人感兴趣。彼得不断地被童话打动，也就表示他的人生重要课题一再被触及。与王子的认同，对他而言非常重要。他一再感觉他的问题不像童话中描述的那么严重。他也认为王子走的路可以为他提供一个方向，但是他不必完全照着走。通过童话，彼得看清自己很多问题的所在，但是更重要的是，他下定决心要去面对问题，即使有时候令人很不舒服。

彼得通过童话作为媒介，从由母亲情结所造成的停滞中走出来。与童话中主角的认同，是一个很重要的因素。他尤其比从前果决多了，而且也更知道和谄媚者划清界限。但是他也学习到了接受自己沮丧的一面，同时去找出他要的是什么。就像在童话中，接触他的身体及身体的感觉，甚至身体最简单的需求，是非常重要的。在与男人的关系上他看到自己的竞争需求，也学着支持这样的想法。在与女人的关系上，他也学着接受自己的匮乏，双方的关系变得比以前平衡多了。他发现女人并非基本上都像母亲一样想照顾人，而被照顾的阶段可能完全会被其他阶段所取代。对彼得而言，重要的是通过童话的画面激起与他自己有关的画面影像，他试着通过这些画面厘清自己的问题。

在我们用童话做治疗半年之后，彼得决定结束分析。在这里，童话治疗的工作也引导受分析者进入重要的自主阶段，虽然我们花费了相当长的时间。

后记：母亲—儿子乱伦的梦

一位38岁的女士患有不同的身心症，同时还有轻微上瘾的问题。她经常觉得自己在很多行动上像瘫痪一样。她想要补做很多事，但是实现的却很少。譬如说她去报名参加一些课程，但到最后都没去上课。她常常觉得迷惘无助，但是如果要她去完成一些过程都规定好的事，她就能做好。她需要有人来清楚地告诉她该做什么，同时也替她承担责任。她已经结婚八年，有两个小孩。

她说，她一直都希望她的丈夫能够帮她确定方向，给她动力，但事实上并非如此。从前她认为丈夫是个有前途的青年，但是她现在才发现，他和她有相同的问题，没有安全感，缺乏勇气，等等。现在她常常有一种感觉，他们都厌倦对方无法帮自己解决人生问题。这位女士还有两个姐妹，她的父亲在她13岁的时候就离开了这个家庭。她的母亲无能为力，"她做得太多，给得太少"。

这位女士做了两个梦，这两个梦也让我想起了"白衬衣、沉重的剑以及金戒指"这则童话。第一个梦：

> 我的母亲试着要占有我的弟弟，很明显地，他也故意讨她的欢喜。他们两个人大概会上床。我不知道该怎么办，我要告诉他，这很危险，他会被母亲控制住。我非常地愤怒，如果要这样，他可以……

她的第一个注解是："真奇怪，我根本没有兄弟。"我仔细再问才发现，梦中的弟弟长得和她相像：同样的眼睛、同样的头发、同样的身材，但是个男人，她也觉得他是很吸引人的男人。她估计他大概小自己三岁左右。梦中的母亲和现实的母亲相同，大约50岁。对这位接受分析的女士而言，这个梦很奇特，令她着迷，但是也让她百思不解。

梦醒之后她再次感到空虚，她尽最大的努力去从事一些日常生活之外的活动。

大概14天之后她又做了第二个梦：

> 有个年长的教师想教我数学，我听不懂，他轻蔑地看着我，并且对我说："等你乖乖好好地想过之后，我会再来。"
>
> 做完这个梦之后，她觉得自己像被这老头儿抓住了。她有一种感觉，她既解不开他给的作业，也无法获得自由。"我感觉自己简直就像一堆粪土。"

然后接着是她对其他权威、对其他她乐意完成的要求或苛求的联想。这些梦加联想让我想起这个童话，我让她读这个童话。看完之后，她的第一个反应是：她需要一个像王子这样的丈夫。当我问她，她的丈夫当初是否也是这样的一个王子，她陷入沉思，接着她解释道：她喜欢童话的王子是在他有理想的时候，绝不是在他沮丧的时候，她自己已经够沮丧了。但是有一点没错：她的丈夫当初确实是我说的那个样子，但是现在她常有一个感觉，他们两个人同时陷在泥沼中，谁也帮不了谁。她的第一个梦我们可以这样理解，梦中弟弟的角色其实是她内在的男性心灵的自像，它可以是一道桥梁，从与父母亲的关系过渡到与家人以外的人的关系。从个人内部心理层次来理解，可以帮助把一些能量从双亲情结中抽出，尤其是那些发挥不了作用，而只是停留在受母亲吸引的能量。现在她原本必须渗入生命的男性特质却被母亲情结抓住。这符合她目前的生活状况：符合她的空虚、她的沮丧、她的漫无目的，同时也符合她因此退回沉醉中的倾向。

如果一个女人身上的男性特质——在这里是以弟弟的表现——不能从母亲的情结中释放出来，而又不能自我挣脱，那么，这女人将既无法从母亲的情结，也无法从父亲的情结解放自我。

在这位女士身上，我们可以看到她和父亲的内在联系：只要她能实现某个权威的要求，她的心情就会很好。这个情况可以和她的第二个梦一起观察，这个梦强调了情况的矛盾：那个老师藐视她，他采取的姿态迫使她回到一个小孩子的境地。这位教师相当于童话中的白发老人，是他给她"像一堆粪土"的感觉。当然在这里她需要的就是一个能来解救她的英雄，但是这英雄真的必须从外面来吗？这就够了吗？

事实上真的就是这些女人打动了像彼得这样的男人，而这些女人也会从他身上得到幻想，以为找到了生命的方向，同时也获得了生命之泉。但是像接受分析的这位女士，她希望永远拥有这种刺激，还有与此相连的生命能量。这没有人能办得到。于是，我向她提出我的问题：她是否能想象自己去扮演这个英雄。我的目的是要告诉她，她极需要的这一面也可以从自己身上唤醒。她非常地不高兴：她应该在自己身上培养这一面？这原本是她的丈夫。

这是典型的女人问题，很多女人或多或少都有的困难。很多女人了解了这状况之后会问：那我该怎么办？这一问，等于又把问题扔给了知道该怎么做的权威，或者是扔给了一个能解救她们脱离困境的英雄。但如果这些女人有一天能够放弃把英雄的角色派给别人，或去问父亲该怎么做，那么她们精神上果决的一面就会自然而然产生，或者真遇到一个能够拖着她们前进的人。但这绝对不可能长久，被人拖着走，一次就够了。遵照童话，这位女士在继续往前行，她必须发展自己的母性，必须展现她的母性——尤其是对自己，然后也对他人；去体验生命的母性，去体验自己不必始终只是接受给予，去体验很多东西可以从自己身上发展。

与这位女士所做的童话治疗只限于她根据自己的需要，从童话主角身上找出一个对她的发展非常重要的内在特质，然后下功夫培养这个内在特质，纵使她长久期待从"外面"去找这个英雄。

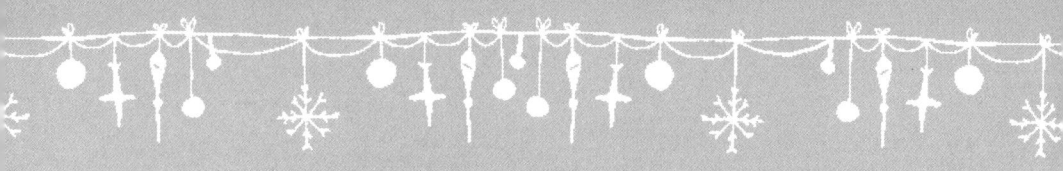

不幸的公主

——改变命运的可能性

个案

一位37岁的女士，自己开业的律师，前来寻求治疗，因为她觉得自己无法与人建立关系。

在治疗的过程中我慢慢发现，她极具破坏性，所有刚要开始发展的关系，她一定要加以破坏。这也包括治疗关系，而且非常糟。一旦信任的苗头出现，她就会开始对治疗本身或是对我个人提出质疑。她对亲密关系的恐惧，我慢慢清楚地体会到，她害怕把自己交付给一个人，不愿经历被抛弃的危险。这个恐惧让她的处事从一开始就破坏亲密关系。

当然这也是有前因的：在这里我暂且叫她海德，她的父亲在她出生后不久，就因山难不幸过世。她的母亲承受不了这个打击，后来以药物治疗，形成对药物的依赖。海德记得她很小的时候，就得到药店去替母亲买药。她的母亲过着不安定的日子，住在一个地方，她总待不了多久。这对海德来说，这表示每次当她好不容易建立了新的关系，就得离开了。这对一个小孩子而言，是很大的负担。

她的母亲常换男朋友，因此，他们的关系就决定了海德的住所：或留在母亲身边，或被送到奶奶家。海德喜欢待在奶奶家，在奶奶那里她感到稳定、有序和温暖。每次母亲与男朋友分手，海德就被带回母亲家，因为母亲无法自己一个人过日子。久而久之，她就发现了一种提早让母亲与她的男朋友分手的技巧，这样至少她可以一直留在母亲的身边。她有各种不同的方法：她作怪，越来越难缠，但是又一再想办法拉拢母亲的男朋友，引诱他们。这些方法最后导致的是母亲与男朋友失和，然后分手，这样她就可以达到留在母亲身边的目的，因此她也一直是母亲的孩子，母亲必须为她负责任。虽然在她心中对母亲有很深的恨意，但是都被她压抑住了。她只看到一个摇摆不定而有爱心的母亲，至少她不像其他的大人，她总会做一些新奇有趣的事。海德的母亲一直到过世，都和海德住在一起，那时海德 30 岁。

大学时代，她慢慢地明白，她见不得人家成双成对，有见双就拆的习惯。不管是情侣或者是好朋友，甚至见到合作愉快的工作伙伴，她都会不快活。她一定要想办法介入。她也知道如何吸引其中一个对她有兴趣，但只要成功了，她又会把人甩了。长久以来她使自己的行为"合理化"，也就是说，事后她不会想太多。

后来有一次，她又故伎重施地抢走了一个老同事的男朋友。和往常不一样的是，这位同事没有责骂她，而是哭着对她说，是她毁了自己这一辈子第一次在爱情中对人的信赖（她的同事那时40 岁）。这时候海德才突然觉得自己很恶劣而自问到底做了什么。这是让她开始寻找治疗最初的导因。

然而这个"游戏"，这个"童年的模式"还在继续，但却伴随着罪恶感，还有对自己的愤怒，等等。虽然海德很快就看清楚，她不断地在重复童年的模式，在这个游戏中她对亲近的关系有很大的恐惧，当然她也非常渴望亲密关系。

有一次，就在她又一次破坏了人家的感情之后，前来接受治疗。她叹气说："要是命运能换该多好。"我回答她："这在童话中就没问题。"

我的回答一方面是针对她的希望，另一方面是出自我自己的无助感。除此之外，也是基于治疗的考虑，想让象征性的材料进入治疗过程，就不必总是小心那些她为我设下的、有破坏性的陷阱。我依自己所记得的，把不幸的公主的故事说给她听。之后我请她仔细深入地重读这个童话。

童话概述[54]

　　从前有个王后，她有三个女儿，她没有办法照料好她们。王后很担心，因为其他年轻的女孩都结婚了，只有她的女儿，好歹也是国王的女儿，怎么也嫁不出去。

　　有一天，有一个女乞丐经过城堡请求施舍，当她看见王后愁眉苦脸的样子时，就问她有什么烦恼，于是王后就告诉她原因。那女乞丐接着就说："听着，记住我告诉你的话，夜里等你的女儿都睡着之后，你好好观察她们的睡姿，然后来告诉我。"

　　王后照她说的做，在夜里观察女儿的睡姿，她看到：大女儿把两手放在头上；二女儿把两手交叉放在胸前；最小的女儿把两手相叠夹在膝盖间。

　　第二天女乞丐又来了，王后便把她看见的告诉女乞丐。女乞丐听完对她说："听我说，王后陛下，你的三女儿，也就是睡觉时把两手相叠夹在膝盖间的那一个，她的命运很糟糕，而她的命运也就影响了其他两个的。"

　　当女乞丐走了，王后陷入沉思。"母亲，我有话要告诉你，"最小的女儿对她说，"不要担心，我都听到了，我知道，我也是害两个姐姐嫁不出去的原因。把我全部的嫁妆换成金币给我，我要把金币缝在裙摆，让我离开这里。"

　　王后不愿让她离开，对她说："你要到哪里去，我亲爱的孩子？"但她不愿意听。她把自己打扮成修女，和母亲道别之后就上路了。她才走出城门，就有两个人上门来向两个姐姐求婚。

　　这不幸的公主继续往前走，一直到了傍晚，她来到一个村庄，敲开一个商人家的门，请求让她过夜。那商人把她请进屋子，但她坚持要留在地窖过夜。

夜里掌管她命运的女神来了，她开始把放在地窖的布匹撕成碎片，并且把地窖砸得乱七八糟，虽然女孩不断恳切地求她停下来，但掌管她命运的女神怎么肯听她的话？她甚至威胁要把她一块儿撕裂。

第二天早上，那商人亲自到地窖来看修女，他刚踏进地窖的门，就见到他所有的货财全被毁了，屋里面目全非。他对女孩说："喔，修女小姐！你做了什么好事？你把我的事业全毁了，你要我今后怎么办？"

"你放心。"她说，接着掀开裙摆拿出金币，然后对他说："这些够吗？"他说："够了，够了。"

就这样，她向布商道别，然后继续上路。走啊走，一直到天黑，这次她在一个玻璃饰品的商人家留宿。

在那里还是像上次一样，她要求住在地窖里，夜里掌管她命运的女神莫伊拉（Moira）又来了，同样地毁坏了所有的东西，没有一样幸存。

第二天早上，那商人又亲自到地窖来看修女，他看到这个大灾难便哭冤喊屈，然而当修女双手捧上满满的金币时，他闭嘴了，他让修女离开。

这不幸的公主又继续上路，最后她来到一个国王的城堡。她要求觐见王后，见到王后，她便请求王后给她工作。王后是个聪明女人，她马上察觉到在修女的道袍下藏着的是一个贵族的女儿，于是问她是否懂得珍珠刺绣。修女回答道，她的珍珠刺绣手工非常好，于是王后把她留下来。但当这修女开始干活时，墙壁上画中的人物跳下来捣乱，他们拿走珠子，作弄她，让她片刻不得安宁。

这一切王后都看在眼里而且非常同情她。当宫女来告状，说夜里宫中又有餐具被摔碎,而且执意说是修女干的,王后便对她们说:"住嘴,什么也不要说,你们可知道她是个公主,但这可怜的孩子命运很糟。"

终于有一天王后对她说:"听着,好孩子,我有话要告诉你,这样下去,你是无法过好日子的,你的命运女神莫伊拉在背后追赶你,你得想办法,让她给你一个新的命运。"——"我该怎么做呢?"女孩问,"我要怎么做,她才会给我一个新的命运?"

"来,我告诉你怎么做。你看到远处的那座山了吗?那里住着全世界所有的命运女神,那里是她们的城堡,而这就是你必须走的路,你得到那座山的山顶,找到你的莫伊拉,然后给她我替你准备的面包,对她说:'亲爱的莫伊拉,我要跟你换我的命运',而且在你没有看到她接受面包,把面包握在手中之前,不管她怎么对待你,你都不准离开。"

就这样公主照着她的话做,她带着面包踏着山路到了山顶。她敲庭院的大门,一个非常美丽、穿着很整齐的女子出来应门,说:"哦,你不属于我。"说完掉头就往回走了。

过了一会儿,又有一个女人走出来,和刚才的那个一样漂亮、干净。"我不认识你,好孩子。"她对公主说完后又走了。

接下来,一个又一个女人走出来,每个出来应门的都说她不属于她们。直到门口出来一个蓬头垢面、全身脏兮兮的女人。"你要什么,你到这里来做什么?"她对公主说,"快滚!马上离开这里,否则我就杀了你!"

不幸的公主把面包递给她,并且对她说:"亲爱的莫伊拉,我要跟你换我的命运。"那女人回答:"好大的胆子!回到你母亲那里去,让她重新再生你,喂你喝奶,唱安眠曲给你听,然后你再来,我就给你换命运。"

那些好心的莫伊拉对这个坏心肠的人说:"给这不幸的孩子一个新的命运吧!她属于你,而且走得这么辛苦,再怎么说她也是个公主。换给她吧!换给她吧!"

"这我没办法,叫她快离开这里!"她突然拿起面包,把面包掷到公主的头上,面包掉下来滚到地上。

公主把它捡起来,然后再次走上前对她说:"拜托,好心的莫伊拉,换我一个新的命运吧。"但她一手把公主推开,并且用石头往她身上扔。

最后,是别的莫伊拉的劝告,也是公主的决心和毅力,使硬心肠的莫伊拉终于改变心意,她对公主说:"给我!"然后伸手拿下面包。

公主站在她面前害怕地发抖,她以为她又要拿面包砸自己。但是这一次她握着面包并且对公主说:"听着,记住我说的话!拿着这卷丝绸,"她塞给她一卷丝绸,"把它收好,这卷丝绸你不准卖,也不准送人。如果有人向你要这卷丝绸,你只能要他拿等重的东西来换。现在你可以走了,当心!"

公主拿着那卷丝绸回到王后那里,再也没有人来捣蛋了。

邻国的国王即将举行婚礼,正为新娘的礼服缺一块丝绸发愁。他派人四处询问,要找到一块同样的丝绸,他们听说,邻国的王宫里有一个女孩,她有一卷丝绸。于是她们请女孩带来那卷丝绸,好让他们看看那卷丝绸是否配得上做新娘的礼服。

当公主来到,他们马上把那卷丝绸和礼服放在一起,毫无疑问,这正是他们所需要的。于是他们问公主,这卷丝绸她要卖多少钱。女孩回答说她不卖,她只要等重的东西来换。于是他们把丝绸放到秤子的一边,另外一边放上金币,而秤子一动也不动,他们不断地加上金币,还是没有用。

这时，国王的儿子干脆自己站到秤子上，这时终于相抵。于是王子就说："现在你的丝绸和我一样重，我们只好拿我来换你的丝绸。"

就这样，王子和公主结婚了，他们举行了盛大的婚礼，从此过着幸福的日子，而且命运也越变越好了。

治疗上的考虑

海德很自然地被公主换命运的勇气所吸引，她说的理由是，因为她不知道她换的是什么样的命运，说不定比原来的更糟。她直觉地和童话中的女主角认同，觉得如果公主能做到的，她也一定能做到，何况公主的命运比自己的还糟呢。海德从童话主人翁身上获得勇气，去面对她自己糟糕的命运。

这是童话治疗的另一个可能性：在与童话主人翁的认同中找到勇气，去处理自己的问题。在这种情况下，童话的男主角或女主角就有典范的作用，他或她就能激励我们，但是经常也指示我们一条路，纵使不是每个人一定都得走同样的路。但万一迷路的时候，这条"明路"是可以当作安全的保障的。

我觉得自己有必要了解把这童话放进治疗情境中的意义，而且也觉得自己有必要了解这则童话。

就如上面提到过的，我把某些有象征意义的东西带进这个治疗中，也让治疗服膺更大的影像，同时借此也能把我们从一再陷入的移情和反移情作用对立中拉开。在这种情况下，童话成为我们两个人共同感兴趣而且可以讨论的话题。现在我们有了共同的基础，这关系不会马上被破坏。用童话做沟通的桥梁让我们的关系变得明显，从这个意义来说，童话是一个媒介（Ubergangsobjekt）。以童话做媒介的另一个原因是，借着童话接受分析的女士被要求去注意其问题的背景，并且在心灵的层面产生反应，从而产生改变的动力。

一直到后来海德才跟我说，对她而言，我所给她讲的那则童话起了决定性的作用。虽然当时很显然，我所讲的是从记忆中拼凑出来的，因为当时她又一次提议要中断治疗，而我的直接反应是，讲了一个童话故事，让她感受到本能的母亲姿态。

这童话的主题是什么

基本的主题很明显：关于换命运的可能性。因为故事的结局是不幸的公主成功地换来新的命运，因此童话做了基本的论断：命运不是永远固定的，人能够创造命运，也能够对抗命运。但这个恶劣命运的前史是什么？要走什么样的道路才能换命运？

这个童话告诉我们，有一个王后，她有三个女儿，但是没有提到国王。现在的问题是三个公主找不到丈夫，而且没有人选，根本缺乏与男性的关系，而接下来的后果是王位可能没有继承人。

这欠缺的男女关系可视为真实的情况，也可以从个人内在心理（intrapsychisch）的角度来看，一个人的女性特质和男性特质缺乏关系，因此导致个人觉得自己不完整而无法完成面临的人生挑战。

总之我们可以看出，在这个童话中，公主过长时间待在母亲身边，换句话说，没有自己的生活，她们无法迈出应该迈出的人生发展的一步，离不开她们的母亲。原因是什么？女乞丐揭开了这个秘密：其中一个女儿的命运很糟糕。但这间接地暗示出，母亲在生这个女儿的时候忽略了命运女神，也就是大地之母，也许是她对于献祭给女神的面包和盐缺乏足够的重视。

在古希腊的旧习俗中，妇人在生小孩的时候需要祭献给莫伊拉面包和盐巴，人类的食物代表的是生命，做父母的借此期望命运之神眷顾自己的孩子，保佑孩子一生平安。这背后无非藏着古老的意象：想要有好命运，神灵必须与生命共存。这个意象在希腊特别盛行，因为希腊人认为，每个人在另一个世界都有一个护送者或护航者，也就是命运女神或命运男神，而且绝不可怠慢他们。命运女神，也就是所谓的莫伊拉，代表的就是人注定的命运。这些为数众多的命运之神最后渐渐地简化到剩下三个最有名的——编织生命之线的克罗多（Klotho）、手执生命之线不让偶然缠住的拉克西斯（Lachesis）、最后剪断生命之线的阿特罗波斯（Atropos）。[55] 这些纺织生命之线的命运女神可以和古希腊的大地之母联系在一起，人们想象她的样子也是她不停地编织的样子。

我们可以这么说，王后很可能忽视了命运的力量，她轻忽了命运之神的影响力，否则她的小女儿不可能有那么糟糕的命运。而且恰巧是女乞丐知道如何找出哪个女儿的命运不好，反而做母亲的毫无办法，只能担心。乞丐象征的是我们的某种人格特质，即必须乞求，才能存活，因为人们一直排斥这种特质。

如果女乞丐同时是有智慧的，换句话说，女乞丐是智慧的避难所，这就意味着女人的智慧受到日常生活的排斥，意味着很可能女人和女神的生命意义根本不再被重视。在类似的西西里岛童话《不幸的孩子》[56] 中，讲述的就是战争导致贫穷。在这则童话中可以看到，战事与命运所产生的关联，称为星星之女的命运女神因为怒不可遏，因而引发全面性的毁灭。也许在希腊神话中，给予孩子神性的母亲没有得到足够的重视，也许人们忘记了每个孩子同时属于两个世界。

那个蜷着身体睡觉，睡姿像胎儿的女儿，就是她的命不好。我们也可以说，她必须自我发展。她的母亲一点儿也不想成为坏母亲，是的，她要留住女儿。"我亲爱的孩子。"她说。王后似乎是个不知如何才能保护女儿免遭厄运的母亲，她并没有亲口对女儿说出她听到的，反而是公主替她说出实情并且安慰她。从这里我们再一次可以推测，王后本身可能也有问题，而且无助。或者照现在的话说，就是"攻击性受阻"（aggressionsgehemmt），她自己本身缺乏与周遭环境对峙的能力。这支持先前的假设，她和命运女神的关系不再和谐，她的女性认同不确定。

现在我们设身处地地进入公主的角色，就会很清楚地察觉，她的人生将发生如何巨大的转变，她将面临可怕的处境。原本她是受到细心照顾甚至娇生惯养的公主，一夜之间，突然成了被放逐的人，被抛弃的孤单再加上生存的艰难，她根本不知道自己的结局将会如何。但她还是冷静勇敢地上路了。女乞丐"知道事该如此"，公主自己似乎也很清楚。她要求给她应得的嫁妆，带着可以带走的生活用品上路。

她把自己打扮成修女，这表示她要避免外在世界的打扰。她现在经历的是一道内在的自我历程，现在重要的是找到自己，而不是马上找一个男人。理所当然地，她首先要亲身经历什么是糟糕的命运，糟糕的命运就表现在命运女神的种种作为上。

第一个晚上掌管公主命运的女神就现身了，她把布商的所有布料绸缎撕成碎片。公主虽然试着要阻止莫伊拉的破坏行径，但是她个人的守护者命运女神莫伊拉却具有极大的破坏性。公主试着与之对峙，但徒劳无功。尽管她能面对自己的毁灭性，但她还是得自己付出代价。偏偏是纺织生命之线的女神，是她编织了生命的结构，现在她却撕碎织好的布料。相对于其创造性，她极端的破坏性暴露无遗。

莫伊拉不是将线编织完整令其互相产生牵连，不是将生命编织完整让经验联结，而是剪断这一切，破坏这一切。而且莫伊拉更是威胁公主，不只是毁灭她编织好的、创造好的，还要将她也撕成碎片。这里存在着精神病反应（psychotische Reaktion）的危险。因为公主能够分清自己和极具毁灭性的莫伊拉之间的区别，能够和她划清界限，即使只是小范围的，已足够让她逃过死亡的威胁。我们从童话的描写中很清楚地看到，有时我们身上的毁灭性突然爆发，也可能发生同样的情况；虽然我们可能体验到这毁灭性像外来的力量，但是承担后果的终究还是我们自己。公主终究也是这样的。幸好她有金币可以补偿后果。

接下来公主要在玻璃商人家留宿，天还没黑我们就开始担心了：玻璃是易碎的物品，万一也像在布商家一样，该怎么办？当然那些美丽的玻璃也全被砸碎了。

玻璃商的商品中很可能有容器，对人类而言，容器不仅象征容纳和保存，同时也含有变化和滋养的意义。但是这些"容器"现在全碎了，这表示，公主毫无办法留住生命赋予她的东西，也就是说，所有的都从她的指缝中流走了。

接下来她所投靠的那个王后被证明是个好母亲。之前公主都是在地窖里过夜，完全和其他人隔离，现在因为善解人意的王后，女孩又回到人群中。她得到珍珠刺绣的工作，在这里她将完成一些图样，当然有些图一定也和她的人生有关联。再说在刺绣中她也必须把珠子串织在一起。刺绣表达的是把脆弱的人生编结成一个有意义的图像。

然而，从墙壁的画中跳出了人物，他们折磨公主，她不胜其扰，她不安于焦躁，那些人物似乎是冲着她来的，即使那些人物不过是图案。公主有了妄想。如果说到目前为止，她只将破坏性的愤怒指向外部，那么现在她的自我认同也就已经毁了：她体验到自己的支离破碎。她再度砸毁了许多餐具。但王后对她的遭遇很同情，并且采取保护她的姿态。王后看出公主的出身，没因为目前的状况而看走眼，而且她也知道不是公主人坏，而是她的命运不佳。她将女孩和命运分别出来，这让我们可以把问题看得更清楚，想得更透彻。但现在破坏的问题越来越严重，必须想办法解决。王后也知道该怎么办。公主必须找到她的莫伊拉，并且把王后要她带去的面包给她，她必须自己求得与莫伊拉换命运。

王后似乎也是个命运女神，虽然故事中没有提及，但她是个想要设法解开魔咒的好仙女。换个方式表达：公主代表的是一个患有妄想症，而且有破坏性的年轻女孩。她为精神病反应所苦，然而只要她找到一个充满母爱的庇护所，得到关怀和理解之后，她才能够真正面对自己的破坏性。在王后的保护下，公主还是不断地受到自己的破坏性所苦。她虽然反抗别人对她的完全控制，但她仍然不断地试着去完成刺绣工作，就是要建构正面的母性典型。一个正面的人生转变突然有了可能性，若没有这个经验，治疗是不可能的。

而一个提供精神滋养的好母亲——在这里王后代表的就是这个典型——公主必须把她的面包带到莫伊拉那里。面包是人类用五谷烘制的，也就是从大地之母那儿得来的粮食，换句话说，就是取之于大自然的食物。我们现在可以先不管王后是否代表大地之母，给公主面包以及母性的关照，或者这面包是否象征着公主和厄运对立，她为自己和其他人努力所获得的养分。没有正面母性典型的影响，个人的经验不会对自己和他人有任何帮助。但是这个影响，人只有通过母性亲密的关系才能经历到。

王后也知道，要到命运女神住的山上才能找到莫伊拉。这是古希腊人的想象：诸神都住在山上，我们马上会想到奥林匹亚。山顶是天地交接的地方，天上和尘世的交会点，所以山顶不仅是诸神，也是死者集聚之地。她必须去面对一个临界的问题。登上山需要极大的决心，这勇气很可能生自绝望，然而又抱着——王后的面包会给予帮助的——一丝希望。

现在童话稍稍给我们一点安慰：还有那么多美丽的命运女神，这意味着很多人有好的命运；在童话中"美丽"和"幸福"是同义词。我们的公主确实是个例外，她的命运女神又脏又丑，而且还以死亡威胁她。她既没有教养，又具有破坏性。自己不如人，所以才有毁灭的性格。她所说的话也是我们所听到的一些人抱怨命运不好时常会说的："重新投胎做人！"这再次说明，公主出生的时候，也就是她进入这个世界的时候，有什么地方不对。

刚开始莫伊拉也不理会公主正面的恳求："好心的莫伊拉"，公主这样称呼她。这在童话中是一个和坏人周旋的好方法：故意唤起坏人好的一面。但是这个莫伊拉不仅不理会，还拿石头砸公主。这里再次显示，公主的"命运"有多残酷：她如何受命运的戏谑；但她现在不愿再当受害者，而是敢于要求换命运，这需要莫大的决心和勇气。

她坚持等待，要把面包给莫伊拉，因此她应得到较好的命运，也正是她个人内心的信念：人不一定只是具有破坏性。譬如说，人不必只认为自己是有毁灭性的，人也能供养他人，正是这一点坚持让厄运早点结束。

莫伊拉收下了面包，也就是说她接受了请求。这时公主还是很害怕，不知道这样的转变能维持多久。我们可以想象类似的人生状况：我们好不容易躲过一场灾祸，而仍然心有余悸地问，我们是否能松一口气了？或者灾难会再次来袭。莫伊拉拿出了一卷丝绸，它代表细致的生命之线，也代表正常的，甚至可以说是特别的命运。

因为这样精致的丝绸，必定是命运女神特别用心编织成的。现在童话告诉我们，再也没有人骚扰公主。她已经战胜了破坏性。

公主因为这卷丝绸找到了王子，这正是好的命运带来的结果。这说明，现在公主可以相信命运了，而且公主和王子也都相信，在配偶的选择上，莫伊拉最后还是有掌控权。我们也清楚地看到公主和王子的命运如何紧密地联系在一起。或者从集体的观点来看，莫伊拉也影响着男人的命运，很可能因为一些琐事的阻碍，而让王子一直没有结婚。在童话中，结婚从来就不只是意味人应该履行的一个社会规范，它要表达的是一个幸福的结合，它是人生前行必需的条件，借此大自然的延续才得以维持。

这个童话的核心是与破坏性的对立。一旦我们认出它，特别是同时在它背后隐藏的以及因它引起的伤害，我们就能对付它；但是受伤害的同时是两者：先是莫伊拉，接着才是公主。

把童话应用在治疗中

虽然这则童话非常吸引海德，首先她还是提出对这则童话的批评；这则童话只说公主不再受骚扰，但没有言及莫伊拉收下面包之后发生了怎样的变化。海德认为莫伊拉本身，也必须有所改变。她提出了对治疗很重要的方针。这愿望是可以理解的：如果她的莫伊拉没有彻底改变，那她必须永远担心又恢复到原来被破坏性所扰的状况。前面我们提到有一篇西西里岛的童话故事《不幸的孩子》，那不幸的孩子带着面包三次造访他的星星之女。第三次除了面包，他还带了衣服、梳子、小饰品。他冲向星星之女，制服她，并且将她洗刷干净，从头到脚换上新衣裳。就这样，她完全变了一个人。

海德希望如童话中的女主角一般，将破坏性拟人化，然后与之对立，等待她的改变。她决定用想象的方式进行，也就是说她选择了主动想象（aktive Imgination）的方法。

这个方法主要是要让内化的人物有自己的生命，让他们自由表达，并且接受他们自己的生命，还有不受我们的自我意识操控的这个事实。借由部分的自我意识，我们试着去和那些人物产生联系。当然在这背后，我们期望想象他们能因此有所改变（这也是一个理论上的先决条件）。当然改变的不只是那些内化的人物，自我情结也因为认识到自己新的甚至是具有破坏性的一面而有所改变。

在这里，主动想象可以从特别让当事人印象深刻的影像开始。这和完全自由主动想象的不同，关键在于童话可以提供一个想象的框架，让当事人顺着想象进行。海德决定从登上山的一幕开始：她看到自己登上圣山，但是却不见莫伊拉的踪影。而且她发现自己没带面包，她感到难为情又下了山。"没有面包，也没有其他东西可以给我的莫伊拉"，然后她决定要再一次上山，在这之前还需要有长一点的准备阶段，她要从在布商家过夜开始。

想　象

事实上，布料真的很适合。尤其在我所编织人生的修女的长袍下我觉得很安全。我的莫伊拉没办法碰到我的肌肤。我紧张害怕地等待。她冲了进来，她一头黑发，全身脏兮兮的，动作粗野，她开始撕毁所有的布料。我不能忍受，那些布料太可惜了，我拉住她的手臂。她用力把我推开，我哀求她："住手！"她不理我，我喊道："住手，你这个疯婆子。"她嚷嚷："住口，否则连你一起毁了。"

我突然觉得好难过，我没办法和她沟通。

想象结束之后，难过的感觉仍然持续。一方面她为自己无意义的破坏性难过；另一方面，难过是因为在想象中那女人不应该是这个样子。她认为受童话影像的影响太大，她的破坏性应该没有童话中那么严重。下一次在想象的时候，她要让她的破坏性更自由地发展。

我并不觉得她的破坏性有童话中莫伊拉的影子（这当然有可能发生）。我能理解，她因为和自己颇有破坏性的一面对质，而受到很大的伤害。在这里，童话提供了一种退避的可能性。这样一来，伤害可以不必通过理想化来弥补，理想化通常只会带来新的失望、新的伤害。也就是说，借由和问题童话人物保持距离来回避过大的伤害。因为保持距离，在童话人物身上可能彰显个人的内在问题。但是另一方面当然也可能导致逃避问题。

在接下来的一次晤谈中，海德提议要给这具破坏性、粗野、恶劣的一面取一个名字。她选了海德伦（Heidrun）这个名字（这也是我用海德做她匿名的原因）。她说她选这个名字没有什么特殊原因，只因她不久前偶然听到这个名字觉得喜欢就用了。

此外，海德伦是日耳曼传说中一只太古山羊的名字，它在天上给阵亡的战士喝奶。选这个名字表达了多重的意义：首先海德在形容"破坏性的一面"时，她不仅用到破坏性，还特别用"粗野"这个字眼。这只山羊既然给阵亡的战士喝奶，扮演的无非是像母亲一样喂养的角色。在海德身上，"破坏性的一面"和男性战士间也建立了联结，但是这"破坏性的一面"很显然也有提供养分的功能。即使只是神话传说中的山羊，作为一头山羊的海德伦也很可能十分顽固。

纵使这一面有了名字，并不意味它马上就会符合接受分析者的期望。海德努力不断地做想象练习，刚开始她对过去的记忆占了很重要的部分：她经常想起她如何带着"绝望的快乐"到处蓄意破坏。特别让她感到痛苦的是，她也破坏了对她母亲而言很重要的爱情关系。她能够理解当时自己只是个孩子，但是她还是很难过，在心里她仍然不断地请求母亲的原谅。现在她试着在生活中以及在接受治疗的时候，不再时时具有破坏性。她记得很清楚，每当她觉得受到伤害的时候，就会有破坏性行为，而受伤害的感觉就会被一时的英勇和自我克制情绪所取代。但是小时候一再受伤害，也让她更时常、更容易觉得受伤害。现在她试着不再令其破坏性复发而自我折磨，而且不仅视海德伦是自己的一面，同时也正视自己其他不同的面。因为其实她也有亲切热心的一面，尤其当她在对待她有所依赖的人时。她也试着看清，虽然她不时地贬低治疗或我，或者同时贬低两者的价值，但她却没有中断治疗过程和不断对抗自己的问题。此外，这种不屑的态度在我们开始应用童话做治疗之后就慢慢地消失了。

最后她也发现：童话中的公主在和莫伊拉正面对立时，她也是束手无策。起决定性的是，她在善良的王后那里得到的庇护。她将对过去的回忆，比作在布商和玻璃商那里的投宿，不管那是对自己的破坏性，或者是对没有被破坏性湮灭的其他面的回忆。她认为童话中在王后那里的停留，相当于在我这里接受治疗。对她而言，我是个试图理解而不做批判的人。同时我也保护她，不受自己和他人的伤害，尤其是保护她免于受自己只知控诉的某些面的伤害。

我觉得她的正面比喻非常有益：如果在我们的关系中，她能够体验到正面的母性原型，那她也就能将那些正面特质变成自己的特质，投射作用也就能收回。当然很明显地可以看出，她把我理想化了，而不再是刚开始的轻视。我们的整个治疗关系即使在这个阶段也不单是理想化的，因此对我而言，正面的母性原型，似乎比到目前为止已经建构的，更具有决定性。

总之，现在还有一个问题：海德也必须从事一个像童话中珍珠刺绣的工作，以符合童话的历程吗？她绝不要刺绣，也不愿意画画。她回想起有一次，她在一张壁毯上看到关于一个修女一生的故事，她非常感动。通过那些图的描述，她一生的事迹及价值被客观地呈现出来。我们达成协议，她也把她自己一生的故事从头到尾回忆一遍。不带任何批判，而是以同理和体贴的态度。她做到了，她真的能对待自己就像个慈母，她能说："现在只要我想起自己为了帮母亲买药，在药店里说谎的样子，就好想把自己抱在怀里安慰。"

从回忆中，她对自己能熬过那么多的痛苦，成就许多事感到自豪，尽管有坎坷的命运还有自己的破坏性。这个阶段结束时她确信："我有面包，我已经从命运中获得了东西，我能滋养别人，现在我可以去找莫伊拉了。"

所谓的面包，她指的不仅是她生活中完成的东西，也包括她一路因破坏性格所受的苦。现在她理解了自己的破坏性格，但不接受这破坏性格。她很清楚地用面包作为象征表达她的想法，因为面包对她而言代表生命，破坏性格代表死亡。现在她要再次上山——这是在她第一次试着上山找莫伊拉之后半年的事。

想　象

我花了很长时间才爬上山。我只想找到海德伦，她在那儿，她在等我，她脸上露出傲慢的神情。她在等着要羞辱我。我绝不受影响。我只是要给她面包，没有别的。而且我求她不要那么坏，求她换我的命运。

"拜托收下我的面包，它是用核果，还有泪水当水烤成的。"

"我不需要你的东西,也不想要你的东西。"

"请收下我的面包,它不只是面包。"

她拿起面包然后扔在我的脚前。我觉得受羞辱十分愤怒,我真想也拿起面包扔她。但是我必须克制自己,她才是不受控制的。

突然在我们上空有一只鸟盘旋。这让我提起勇气,我捡起面包递到她面前。她收下面包咬了一口,然后转身走进山里。

"在这里等一会儿。"她说。

我松了一口气,满怀希望地等着。她又回来了,这次梳了头发,虽然样子还是有些粗野,但是至少是干净的,要怎么说,我觉得我喜欢她。她要陪我下山……

这个对海德伦的想象持续了几个月。海德伦虽然保持了她的野性和破坏性,但已渐渐地转为有建设性的攻击。

海德的重要经验是,她在破坏的力量中体验了强大自我集中的可能性。她学到了破坏的行为常常是感觉自己存在而不至于迷失的唯一方法。但在这个破坏性的性格中,不迷失只是个假想。因为这集中的力量并不会维持很久。

所以海德除了要察觉她每次所受的伤害,更应知道看到别人快乐,让她觉得被隔离不快乐,是因为受过去人生经验所影响。现在更重要的是她必须学习,当她觉得受伤害的时候,要如何以建设性的方式感觉自己的存在。在这些与海德伦有关的主动想象练习中,她经验到一个自我中心化的可能性。除此之外她也感觉到自己与人建立关系的能力增强了,这感觉对她很有帮助。

另外我特别注意到,海德通过莫伊拉创造了一个所谓的超自我(alter ego)。刚开始她并非是内在导师的角色,而是代表了她人格中较强有力的一面，她必须和这一面对立，才能将自己的创造性释放出来，并且控制自己的破坏性。随着这个角色慢慢地被统合，很明显，海德越来越能对自己的破坏性负责任。

童话中的命运女神被内化为一个有人性的人物，因此失去了其神圣性，但其神秘性仍不失。我认为这种处理童话的方式是可以被接受的，而且它在治疗中是非常有意义的。

然而她并没有放弃命运女神的想法：对海德而言，处理破坏性性格的问题，就等于处理厄运的问题，而这个厄运笼罩着她的家庭。她觉得不仅是她的母亲，她的父亲也深具破坏性性格，即使每个人都以不同的方式表现。这样看来，处理破坏性性格对她非常重要：这不仅是为个人病理学效力，也是为"命运女神"效力。

后　记

我试着用不同的案例来说明，如何将童话应用在治疗过程中。案例当中应用的方法，相当于一般以象征为工具的治疗方法。

我所举出的案例并非"范例"；它们是我过去一年临床工作上的一些案例。选择的标准也在于，并非每个人都愿意把个人经验公诸于世。

根据我个人多年应用童话做治疗的临床经验，只要能在适当的时机找到适当的童话，并将之引入治疗过程中，往往能再次强化治疗的历程，或者打破一些偶尔出现的僵局。但是如果引入的时机不对，或者童话不符合受分析者的状况，不能充分反映他的潜意识结构，受分析者往往就不理会那些童话。

还有一点必须注意，如果分析者将童话带进治疗，就会改变治疗的情况。分析者和受分析者共同探讨一则童话：治疗者的观点和重要性会有所改变。从长远的角度来看，童话的介入往往也导入脱离的阶段，也就是说，受分析者慢慢脱离对治疗者的依赖，发展出自主性。

童话的运用——同时也是象征的应用——根据维尼科特

（Winnicott）的看法[57]，在这里确实变成一个媒介（Ubergangsobjekt），也许原本也就是媒介。就像小孩子一个人孤单的时候会紧紧抱着小兔子。这兔子对他而言，就是母亲的象征，就是他对母亲的感觉以及他和母亲关系的象征。换句话说，就是安全感的象征，同时也是自己能给予自己安全感的象征。因此象征可以说是一种媒介，象征的应用也就是媒介的应用：这个应用一方面可以视为与治疗者之间关系的替代，但另一方面，它也努力指出隐藏在这关系背后的东西，以及藏在日常生活背后的东西，最后更是指出一个根本性的、有意义的根源，而通过象征我们才得以进入这个根源。

通过与童话影像的接触，我们可以体验一些根本性的东西；个人的过去、个人的痛苦会在一个人类共有的经验架构下清楚地显现。借此，个人的过去、个人的痛苦会获得新的意义。

除此之外，对童话男主角或女主角产生的移情作用，会对受分析者有帮助。据个案认为，童话人物的想法可以提供一些帮助，而根本不需要通过治疗者。与童话主角的认同往往带来做决定和创造成就时所必要的勇气。借此"封存在原型中的希望"真的会释放出来。

我们确实可以描述出一条通向自主化的道路[58]，这条通向更多创造性的道路不再受到阻碍。在我举出的案例中，我们确实也看到了他们的发展。

另外一个情况，是那个在第一次晤谈就提到的勇敢的小裁缝的案例。在他身上，童话的应用有别的作用。对他而言，童话提供了一个中介地带，让他有安全感。这个地带显然在慢慢地扩大，而他确实深受少数童话的观点和行为的影响。一直到下一个阶段，他才有办法将自己的问题用日常的语言表达出来。

想象创造出一个他们在童话中遇见的象征，对所有接受分析的个案而言，这是很重要的。童话在整个过程中预设了一个结构，当然我们也可以不顾这个结构，但是它确实也为个人想象提供一个保护的空间，也因为如此，这个想象创造才会如此令人满意。

塑造象征的中介地带，特别是象征的历程，借由童话，对这个地带以及与其联结力量的经验，还有对其意义的体验，在我看来，似乎都对治疗具有重大的意义。

参考文献

[1] 参见 Rölleke H.: *Zur Biographie der Grimmschen Märchen*, Grimms Kinder- und Hausmärchen, Diederichs, Köln, 1982。

[2] Propp V.: *Morphologie des Märchens*, Suhkamp Taschenbuch Wissenschaft 131, Frankfurt a. M. 1975.

[3] Smitt P.: *Stellung des Mythos*, *Mythos ohne Illusion*, 李维－史陀等编, Suhkamp, Frankfurt a. M. 1984, p. 51。

[4] 荣格学派的解析例子。

Franz M. -L.: *Der Schatten und das Böse im Märchen*, Kösel, München, 1985.

Franz M. -L.: *Das Weibliche im Märchen*, Bonz, Fellbach, 1977.

Jacoby M., Kast V., Riedel I.: *Das Böse im Märchen*, Bonz, Fellbach, 1978.

Riedel I.: *Hans mein Igel. Wie ein abgelehntes Kind sein Glück findet*, Kreuz, Stuttgart 1984.

Riedel I.: *Tabu im Märchen. Die Rache der eingesperrten Natur.* Walter, Olten, 1985.

[5] Bloch E.: *Das Prinzip Hoffnung*, Suhkamp, Frankfurt a. M. 1959, p.187.

[6] Dieckmann H.: *Der Ödipuskomplex in der Analytischen Psychologie C.G. Jungs*, 载于 *Zeitschrift für Analytische Psychologie*, 15.2, 1984, p.88, f.。

[7] Kast V.: *Das Assoziationsexperiment in der therapeutischen Praxis*, Bonz, Fellbach 1980.

[8] *Rotkäppchen* 出自《格林童话》，参见注释 1。

[9] 参见 Kast V.: *Familienkonflikte im Märchen*, Walter, Olten, 1984。

[10] Ritz H.: *Die Geschichte vom Rotkäppchen. Ursprung, Analysen, Parodien*, Muri, Gättingen, 1981.

[11] Tausch A.: *Einige Auswirkungen von Märchenverhalten.* 载于 *Psychologische Rundschau*, 2/1967, pp.104-116。

[12] Scherf W.: *Lexikon der Zaubermärchen*, Kröner, Stuttgart, 1982.

[13] Perrault Ch.: *Märchen aus alter Zeit*, Melzer, Buchschlag, 1976.

[14] 见注释 10。

[15] 见注释 10（根据《明镜报》访谈）。

[16] 参见 Kast V.: *Paare. Beziehungsphantasien oder Wie Götter sich in Menschen spiegeln*, Kreuz, Stuttgart, 1984。

[17] 参见 Ranke-Graves R.: *Griechische Mythologie. Rowohlts Deutsche Enzyklopädie 113*, p.13, Rowohlt, Reinbek, 1982。

[18] Bettelheim B.: *Kinder brauchen Märchen*, dtv 15010. Deuscher Taschenbuch Verlag, München, 1980.

[19] 参见 Kast V.: *Familienkonflikte im Märchen* 及 *Das singende springende Löweneckrchen*。载于 Kast V. Mann und Frau im Märchen, Waler, Olten, 1983。

[20] Freud S.: *Gesammelte Werke*, Ⅷ. Fischer, Frankfurt a. M. 1969.

[21] 参见 Neumann E.: *Die grose Mutter. Eine Phänomennologie der weiblichen*

Gestaltungen des Unbewusten,Waler,Olten, 1974。

[22] 参见 Kast V.: *Wege aus Angst und Symbiose*,Waler,Olten,1982。

[23] Ranke-Graves R. 同注释 17。

[24] 参见 Kast V.: *Wege zur Autonomie. Märchen psychologisch gedeutet*,Waler,Olten,1985。

[25] 同注释 16。

[26] 参见 Maass H.: *Der Seelenwolf. Das Böse wandelt sich in positive Kraft*,Waler,Olten,1984。

[27] *Das tapfere Schneiderlein*,出自 *Grimm Kinder-und Hausmärchen*,参见注释 1。

[28] Fetscher I.: *Wer hat Dornroschen wachgeküst? Das Märchen-Verwirrbuch*, Fischer Taschenbuch 1446. Fischer, Frankfurt a. M. 1974.

[29] Schwarzenau P.: *Das göttliche Kind*, Kreuz, Stuttgart, 1984.

[30] 参见注释 16。

[31] *Frau Holle*,出自 *Grimms Kinder-und Hausmärchen*,海兹罗列克编,亦见 Drewermann E., Neuhaus I.: *Frau Holle*,Waler,Olten,1982。

[32] *Das eigensinnige Kind*,出自 *Grimms Kinder-und Hausmärchen*,同注释 1。

[33] *Grimms Kinder-und Hausmärchen*（全三集）, Insel Taschenbuch 133. Insel, Frankfurt a. M. 1975。

[34] 参见 Kast V.: *Mann und Frau im Märchen*,参见注释 19,Waler,Olten,1983。

[35] 参见 *Grimms Kinder-und Hausmärchen*,参见注释 33。

[36] *Grimms Kinder-und Hausmärchen*,同注释 1,参见 Seigert Th.: *Schnewittchen* 《白雪公主》, Kreuz, Stuttgart, 1983。

[37] *Grimms Kinder-und Hausmärchen*,同注释 1。

[38] *Die Erzählungen aus Thausendundein Nächten*（全十二集）, Insel Taschenbuch

224。Insel，Frankfurt a. M. 1953/1976。

［39］参见注释 1。

［40］参见 Kast V.，见参注释 16。

［41］*Der Liebste Roland*，出自 *Grimms Kinder-und Hausmärchen*，参见注释 1。

［42］Bächtold-Stäublu H. 编，*Handwörterbuch des deutschen Aberglaubens*，De Gruyter，Berlin und Leipzig，1935/1936。

［43］参见 Kast V.：*Wege zur Autonomie. Märchen psychologisch gedeutet*，Waler，Olten，1985。参见 Kast V.：*Wege aus Angst und Symbiose*，Waler，Olten，1982。

［44］参见 Jacoby M.，Kast V.，Riedel I：*Das Böse im Märchen*，Bonz，Fellbach，1978，参见注释 4。

［45］参见 Milgram S.：*Das Milgram-Experiment*，Rowohlt，Reinbek 1974。

［46］参见 Kast V.：*Trauen-Phasen und Chancen des psychologischen Prozesses*，Kreuz，Stuttgart，1982。

［47］参见 Gilligan C.：*Die andere Stimme*，Piper，München，1984。

［48］参见《圣经·旧约全书》1 Mose 4，1。

［49］*Der König vom goldene Berge*，参见 Grimms Kinder-und Hau-smärchen。

［50］Wolf J. W.：*Deutsche Haumärchen*，1951 年再版，Georg Olms-Verlag，Hildesheim，1979。

［51］Bloch E.：*Das Prinzip Hoffnug*，pp. 185-187.

［52］参见 Kast V.：*Trauen-Phasen und Chancen des psychologischen Prozesses*，Kreuz，Stuttgart，1982。

［53］Dieckmann H. 参见注释 6。

［54］*Die unglückliche Prizessin*，出自 *Griechische Volksmärchen*，Georios A. Megas 编，Diederichs，Köln，1965。

［55］Hunger H.：*Lexikon der griechischen und römischen Mythologie*，Rowohlt，

Reinbek, 1981.

[56] *Unglückskind*, 出自 *Sizilianische Märchen*, dtv9036 Deuscher Taschenbuch Verlag, München, 1973。

[57] Winnicott D. H.: *Von der Kinderheilkunde zur Psychologisch gedeutet*, Fischer Taschenbuch 42249. Fischer, Frankfurt a. M. 1988.

[58] 参见 Kast V.: *Wege zur Autonomie. Märchen psychologisch gedeutet*, 1985。

新知文库

01 《证据：历史上最具争议的法医学案例》［美］科林·埃文斯 著　毕小青 译
02 《香料传奇：一部由诱惑衍生的历史》［澳］杰克·特纳 著　周子平 译
03 《查理曼大帝的桌布：一部开胃的宴会史》［英］尼科拉·弗莱彻 著　李响 译
04 《改变西方世界的26个字母》［英］约翰·曼 著　江正文 译
05 《破解古埃及：一场激烈的智力竞争》［英］莱斯利·罗伊·亚京斯 著　黄中宪 译
06 《狗智慧：它们在想什么》［加］斯坦利·科伦 著　江天帆、马云霏 译
07 《狗故事：人类历史上狗的爪印》［加］斯坦利·科伦 著　江天帆 译
08 《血液的故事》［美］比尔·海斯 著　郎可华 译　张铁梅 校
09 《君主制的历史》［美］布伦达·拉尔夫·刘易斯 著　荣予、方力维 译
10 《人类基因的历史地图》［美］史蒂夫·奥尔森 著　霍达文 译
11 《隐疾：名人与人格障碍》［德］博尔温·班德洛 著　麦湛雄 译
12 《逼近的瘟疫》［美］劳里·加勒特 著　杨岐鸣、杨宁 译
13 《颜色的故事》［英］维多利亚·芬利 著　姚芸竹 译
14 《我不是杀人犯》［法］弗雷德里克·肖索依 著　孟晖 译
15 《说谎：揭穿商业、政治与婚姻中的骗局》［美］保罗·埃克曼 著　邓伯宸 译　徐国强 校
16 《蛛丝马迹：犯罪现场专家讲述的故事》［美］康妮·弗莱彻 著　毕小青 译
17 《战争的果实：军事冲突如何加速科技创新》［美］迈克尔·怀特 著　卢欣渝 译
18 《最早发现北美洲的中国移民》［加］保罗·夏亚松 著　暴永宁 译
19 《私密的神话：梦之解析》［英］安东尼·史蒂文斯 著　薛绚 译
20 《生物武器：从国家赞助的研制计划到当代生物恐怖活动》［美］珍妮·吉耶曼 著　周子平 译
21 《疯狂实验史》［瑞士］雷托·U. 施奈德 著　许阳 译
22 《智商测试：一段闪光的历史，一个失色的点子》［美］斯蒂芬·默多克 著　卢欣渝 译
23 《第三帝国的艺术博物馆：希特勒与"林茨特别任务"》［德］哈恩斯 – 克里斯蒂安·罗尔 著　孙书柱、刘英兰 译
24 《茶：嗜好、开拓与帝国》［英］罗伊·莫克塞姆 著　毕小青 译
25 《路西法效应：好人是如何变成恶魔的》［美］菲利普·津巴多 著　孙佩妏、陈雅馨 译

26 《阿司匹林传奇》[英]迪尔米德·杰弗里斯 著　暴永宁、王惠 译
27 《美味欺诈：食品造假与打假的历史》[英]比·威尔逊 著　周继岚 译
28 《英国人的言行潜规则》[英]凯特·福克斯 著　姚芸竹 译
29 《战争的文化》[以]马丁·范克勒韦尔德 著　李阳 译
30 《大背叛：科学中的欺诈》[美]霍勒斯·弗里兰·贾德森 著　张铁梅、徐国强 译
31 《多重宇宙：一个世界太少了？》[德]托比阿斯·胡阿特、马克斯·劳讷 著　车云 译
32 《现代医学的偶然发现》[美]默顿·迈耶斯 著　周子平 译
33 《咖啡机中的间谍：个人隐私的终结》[英]吉隆·奥哈拉、奈杰尔·沙德博尔特 著　毕小青 译
34 《洞穴奇案》[美]彼得·萨伯 著　陈福勇、张世泰 译
35 《权力的餐桌：从古希腊宴会到爱丽舍宫》[法]让-马克·阿尔贝 著　刘可有、刘惠杰 译
36 《致命元素：毒药的历史》[英]约翰·埃姆斯利 著　毕小青 译
37 《神祇、陵墓与学者：考古学传奇》[德]C.W.策拉姆 著　张芸、孟薇 译
38 《谋杀手段：用刑侦科学破解致命罪案》[德]马克·贝内克 著　李响 译
39 《为什么不杀光？种族大屠杀的反思》[美]丹尼尔·希罗、克拉克·麦考利 著　薛绚 译
40 《伊索尔德的魔汤：春药的文化史》[德]克劳迪娅·米勒-埃贝林、克里斯蒂安·拉奇 著　王泰智、沈惠珠 译
41 《错引耶稣：〈圣经〉传抄、更改的内幕》[美]巴特·埃尔曼 著　黄恩邻 译
42 《百变小红帽：一则童话中的性、道德及演变》[美]凯瑟琳·奥兰丝汀 著　杨淑智 译
43 《穆斯林发现欧洲：天下大国的视野转换》[英]伯纳德·刘易斯 著　李中文 译
44 《烟火撩人：香烟的历史》[法]迪迪埃·努里松 著　陈睿、李欣 译
45 《菜单中的秘密：爱丽舍宫的飨宴》[日]西川惠 著　尤可欣 译
46 《气候创造历史》[瑞士]许靖华 著　甘锡安 译
47 《特权：哈佛与统治阶层的教育》[美]罗斯·格雷戈里·多塞特 著　珍栎 译
48 《死亡晚餐派对：真实医学探案故事集》[美]乔纳森·埃德罗 著　江孟蓉 译
49 《重返人类演化现场》[美]奇普·沃尔特 著　蔡承志 译
50 《破窗效应：失序世界的关键影响力》[美]乔治·凯林、凯瑟琳·科尔斯 著　陈智文 译
51 《违童之愿：冷战时期美国儿童医学实验秘史》[美]艾伦·M.霍恩布鲁姆、朱迪斯·L.纽曼、格雷戈里·J.多贝尔 著　丁立松 译
52 《活着有多久：关于死亡的科学和哲学》[加]理查德·贝利沃、丹尼斯·金格拉斯 著　白紫阳 译

53	《疯狂实验史Ⅱ》[瑞士]雷托·U.施奈德 著　郭鑫、姚敏多 译	
54	《猿形毕露：从猩猩看人类的权力、暴力、爱与性》[美]弗朗斯·德瓦尔 著　陈信宏 译	
55	《正常的另一面：美貌、信任与养育的生物学》[美]乔丹·斯莫勒 著　郑嬿 译	
56	《奇妙的尘埃》[美]汉娜·霍姆斯 著　陈芝仪 译	
57	《卡路里与束身衣：跨越两千年的节食史》[英]路易丝·福克斯克罗夫特 著　王以勤 译	
58	《哈希的故事：世界上最具暴利的毒品业内幕》[英]温斯利·克拉克森 著　珍栎 译	
59	《黑色盛宴：嗜血动物的奇异生活》[美]比尔·舒特 著　帕特里曼·J.温 绘图　赵越 译	
60	《城市的故事》[美]约翰·里德 著　郝笑丛 译	
61	《树荫的温柔：亘古人类激情之源》[法]阿兰·科尔班 著　苜蓿 译	
62	《水果猎人：关于自然、冒险、商业与痴迷的故事》[加]亚当·李斯·格尔纳 著　于是 译	
63	《囚徒、情人与间谍：古今隐形墨水的故事》[美]克里斯蒂·马克拉奇斯 著　张哲、师小涵 译	
64	《欧洲王室另类史》[美]迈克尔·法夸尔 著　康怡 译	
65	《致命药瘾：让人沉迷的食品和药物》[美]辛西娅·库恩等 著　林慧珍、关莹 译	
66	《拉丁文帝国》[法]弗朗索瓦·瓦克 著　陈绮文 译	
67	《欲望之石：权力、谎言与爱情交织的钻石梦》[美]汤姆·佐尔纳 著　麦慧芬 译	
68	《女人的起源》[英]伊莲·摩根 著　刘筠 译	
69	《蒙娜丽莎传奇：新发现破解终极谜团》[美]让－皮埃尔·伊斯鲍茨、克里斯托弗·希斯·布朗 著　陈薇薇 译	
70	《无人读过的书：哥白尼〈天体运行论〉追寻记》[美]欧文·金格里奇 著　王今、徐国强 译	
71	《人类时代：被我们改变的世界》[美]黛安娜·阿克曼 著　伍秋玉、澄影、王丹 译	
72	《大气：万物的起源》[英]加布里埃尔·沃克 著　蔡承志 译	
73	《碳时代：文明与毁灭》[美]埃里克·罗斯顿 著　吴妍仪 译	
74	《一念之差：关于风险的故事与数字》[英]迈克尔·布拉斯兰德、戴维·施皮格哈尔特 著　威治 译	
75	《脂肪：文化与物质性》[美]克里斯托弗·E.福思、艾莉森·利奇 编著　李黎、丁立松 译	
76	《笑的科学：解开笑与幽默感背后的大脑谜团》[美]斯科特·威姆斯 著　刘书维 译	
77	《黑丝路：从里海到伦敦的石油溯源之旅》[英]詹姆斯·马里奥特、米卡·米尼奥－帕卢埃洛 著　黄煜文 译	
78	《通向世界尽头：跨西伯利亚大铁路的故事》[英]克里斯蒂安·沃尔玛 著　李阳 译	

79	《生命的关键决定：从医生做主到患者赋权》	[美] 彼得·于贝尔 著　张琼懿 译
80	《艺术侦探：找寻失踪艺术瑰宝的故事》	[英] 菲利普·莫尔德 著　李欣 译
81	《共病时代：动物疾病与人类健康的惊人联系》	[美] 芭芭拉·纳特森－霍洛威茨、凯瑟琳·鲍尔斯 著　陈筱婉 译
82	《巴黎浪漫吗？——关于法国人的传闻与真相》	[英] 皮乌·玛丽·伊特韦尔 著　李阳 译
83	《时尚与恋物主义：紧身褡、束腰术及其他体形塑造法》	[美] 戴维·孔兹 著　珍栎 译
84	《上穷碧落：热气球的故事》	[英] 理查德·霍姆斯 著　暴永宁 译
85	《贵族：历史与传承》	[法] 埃里克·芒雄－里高 著　彭禄娴 译
86	《纸影寻踪：旷世发明的传奇之旅》	[英] 亚历山大·门罗 著　史先涛 译
87	《吃的大冒险：烹饪猎人笔记》	[美] 罗布·沃乐什 著　薛绚 译
88	《南极洲：一片神秘的大陆》	[英] 加布里埃尔·沃克 著　蒋功艳、岳玉庆 译
89	《民间传说与日本人的心灵》	[日] 河合隼雄 著　范作申 译
90	《象牙维京人：刘易斯棋中的北欧历史与神话》	[美] 南希·玛丽·布朗 著　赵越 译
91	《食物的心机：过敏的历史》	[英] 马修·史密斯 著　伊玉岩 译
92	《当世界又老又穷：全球老龄化大冲击》	[美] 泰德·菲什曼 著　黄煜文 译
93	《神话与日本人的心灵》	[日] 河合隼雄 著　王华 译
94	《度量世界：探索绝对度量衡体系的历史》	[美] 罗伯特·P. 克里斯 著　卢欣渝 译
95	《绿色宝藏：英国皇家植物园史话》	[英] 凯茜·威利斯、卡罗琳·弗里 著　珍栎 译
96	《牛顿与伪币制造者：科学巨匠鲜为人知的侦探生涯》	[美] 托马斯·利文森 著　周子平 译
97	《音乐如何可能？》	[法] 弗朗西斯·沃尔夫 著　白紫阳 译
98	《改变世界的七种花》	[英] 詹妮弗·波特 著　赵丽洁、刘佳 译
99	《伦敦的崛起：五个人重塑一座城》	[英] 利奥·霍利斯 著　宋美莹 译
100	《来自中国的礼物：大熊猫与人类相遇的一百年》	[英] 亨利·尼科尔斯 著　黄建强 译
101	《筷子：饮食与文化》	[美] 王晴佳 著　汪精玲 译
102	《天生恶魔？：纽伦堡审判与罗夏墨迹测验》	[美] 乔尔·迪姆斯代尔 著　史先涛 译
103	《告别伊甸园：多偶制怎样改变了我们的生活》	[美] 戴维·巴拉什 著　吴宝沛 译
104	《第一口：饮食习惯的真相》	[英] 比·威尔逊 著　唐海娇 译
105	《蜂房：蜜蜂与人类的故事》	[英] 比·威尔逊 著　暴永宁 译
106	《过敏大流行：微生物的消失与免疫系统的永恒之战》	[美] 莫伊塞斯·贝拉斯克斯－曼诺夫 著　李黎、丁立松 译

107 《饭局的起源：我们为什么喜欢分享食物》[英]马丁·琼斯 著　陈雪香 译　方辉 审校

108 《金钱的智慧》[法]帕斯卡尔·布吕克内 著　张叶、陈雪乔 译　张新木 校

109 《杀人执照：情报机构的暗杀行动》[德]埃格蒙特·科赫 著　张芸、孔令逊 译

110 《圣安布罗焦的修女们：一个真实的故事》[德]胡贝特·沃尔夫 著　徐逸群 译

111 《细菌》[德]汉诺·夏里修斯 里夏德·弗里贝 著　许嫚红 译

112 《千丝万缕：头发的隐秘生活》[英]爱玛·塔罗 著　郑嬿 译

113 《香水史诗》[法]伊丽莎白·德·费多 著　彭禄娴 译

114 《微生物改变命运：人类超级有机体的健康革命》[美]罗德尼·迪塔特 著　李秦川 译

115 《离开荒野：狗猫牛马的驯养史》[美]加文·艾林格 著　赵越 译

116 《不生不熟：发酵食物的文明史》[法]玛丽－克莱尔·弗雷德里克 著　冷碧莹 译

117 《好奇年代：英国科学浪漫史》[英]理查德·霍姆斯 著　暴永宁 译

118 《极度深寒：地球最冷地域的极限冒险》[英]雷纳夫·法恩斯 著　蒋功艳、岳玉庆 译

119 《时尚的精髓：法国路易十四时代的优雅品位及奢侈生活》[美]琼·德让 著　杨冀 译

120 《地狱与良伴：西班牙内战及其造就的世界》[美]理查德·罗兹 著　李阳 译

121 《骗局：历史上的骗子、赝品和诡计》[美]迈克尔·法夸尔 著　康怡 译

122 《丛林：澳大利亚内陆文明之旅》[澳]唐·沃森 著　李景艳 译

123 《书的大历史：六千年的演化与变迁》[英]基思·休斯敦 著　伊玉岩、邵慧敏 译

124 《战疫：传染病能否根除？》[美]南希·丽思·斯特潘 著　郭骏、赵谊 译

125 《伦敦的石头：十二座建筑塑名城》[英]利奥·霍利斯 著　罗隽、何晓昕、鲍捷 译

126 《自愈之路：开创癌症免疫疗法的科学家们》[美]尼尔·卡纳万 著　贾颐 译

127 《智能简史》[韩]李大烈 著　张之昊 译

128 《家的起源：西方居所五百年》[英]朱迪丝·弗兰德斯 著　珍栎 译

129 《深解地球》[英]马丁·拉德威克 著　史先涛 译

130 《丘吉尔的原子弹：一部科学、战争与政治的秘史》[英]格雷厄姆·法米罗 著　刘晓 译

131 《亲历纳粹：见证战争的孩子们》[英]尼古拉斯·斯塔加特 著　卢欣渝 译

132 《尼罗河：穿越埃及古今的旅程》[英]托比·威尔金森 著　罗静 译

133 《大侦探：福尔摩斯的惊人崛起和不朽生命》[美]扎克·邓达斯 著　肖洁茹 译

134 《世界新奇迹：在20座建筑中穿越历史》[德]贝恩德·英玛尔·古特贝勒特 著　孟薇、张芸 译

135 《毛奇家族：一部战争史》[德]奥拉夫·耶森 著　蔡玳燕、孟薇、张芸 译

136　《万有感官：听觉塑造心智》[美]塞思·霍罗威茨 著　蒋雨蒙 译　葛鉴桥 审校

137　《教堂音乐的历史》[德]约翰·欣里希·克劳森 著　王泰智 译

138　《世界七大奇迹：西方现代意象的流变》[英]约翰·罗谟、伊丽莎白·罗谟 著　徐剑梅 译

139　《茶的真实历史》[美]梅维恒、[瑞典]郝也麟 著　高文海 译　徐文堪 校译

140　《谁是德古拉：吸血鬼小说的人物原型》[英]吉姆·斯塔迈尔 著　刘芳 译

141　《童话的心理分析》[瑞士]维蕾娜·卡斯特 著　林敏雅 译　陈瑛 修订